AF391305

Table des Dissertations
contenues dans ce volume.

S. 1174.
5A.

AVIS

AUX BONNES MÉNAGÈRES

DES VILLES ET DES CAMPAGNES,

Sur la meilleure manière de faire leur Pain.

Par M. PARMENTIER.

Travaillez, prenez de la peine ;
C'est le fonds qui manque le moins.

La Fontaine.

AVERTISSEMENT.

L'impression de l'Ouvrage concernant la Boulangerie, que j'ai déjà annoncé, pouvant être retardée encore quelques mois, j'ai cru, en attendant, & pour seconder les vues du Gouvernement, qui daigne honorer mon travail de sa protection, devoir en détacher la partie qui intéresse les personnes que leur goût ou la nécessité déterminent à préparer le pain chez elles. J'ai fait en sorte de parler le langage qui convenoit au sujet que je traite, & aux femmes estimables pour lesquelles j'écris. Si je puis être entendu, si j'ai le bonheur d'être utile, mes vœux sont entièrement remplis.

AVIS

Sur la meilleure manière de faire le Pain.

LA science du ménage est aussi ancienne que le monde. A peine l'homme eut-il défriché la terre, qu'il fallut un économe pour conserver au besoin, & mettre à profit, les présens que cette nourrice bienfaisante accordoit à ses travaux, & à son industrie. La femme, moins forte, plus sédentaire & amie de l'ordre, devint naturellement cet économe. Pour démontrer cette vérité, je pourrois citer, s'il le falloit, des modèles de bonnes Ménagères dans tous les âges, dans tous les pays & dans toutes les conditions : encore aujourd'hui combien d'exemples vivans n'aurois-je pas à présenter ici de femmes aimables qui, se dévouant spécialement aux opérations intérieures de la maison, savent allier les devoirs de bienséance que leur impose leur rang, avec les soins multipliés de l'économie domestique, & qui, occupées du gouvernement de leur ménage, ont l'art de régner sur tout ce qui les environne par la douceur, la complaisance & la bonté ! Mais cet objet, traité avec l'étendue dont il seroit susceptible, nous éloigneroit trop de notre but

A ij

principal, & fa fécondité nous engageroit à faire un Volume, quand nous n'avons intention que de publier quelques pages. Les femmes pour lefquelles nous écrivons, ont moins le temps de parcourir des differtations, que de mettre en pratique de bons & d'utiles préceptes : ainfi la précifion & la clarté doivent toujours régner dans un Ouvrage, où il ne s'agit que de leur indiquer des procédés fimples & faciles, relativement à la nourriture fondamentale.

Comme le pain eft la provifion du ménage la plus effentielle, puifqu'il conftitue l'aliment journalier & indifpenfable à la vie, il nous paroît très-important qu'on fache le préparer d'une manière avantageufe à la fanté, à l'économie & à l'agrément : or voilà tout ce que nous propofons. Le pain qu'on fabrique chez foi, en province, eft prefque toujours aigre, mat & bis, malgré la bonté des grains qu'on y emploie, & revient toujours à un prix fort cher, faute de connoître les moyens économiques de les moudre, & d'en préparer convenablement cet aliment. Je crois avoir remarqué que ces défauts dépendoient d'une farine mal faite, de l'eau trop chaude & des levains trop anciens. J'efpère prouver qu'en employant une meilleure farine, de l'eau froide ou tiède, des levains nouveaux & en plus grande quantité, on peut, sans augmenter les embarras & les frais, obtenir du blé même le plus médiocre, un pain savoureux, léger & blanc.

Agréez, respectables Ménagères, ce petit essai que je vous présente, comme un hommage de ma vénération & de ma reconnoissance. Je sais que renfermées au sein de votre famille, vous ne sollicitez aucun éloge & les méritez tous. Quelle que soit l'opinion vulgaire qui voudroit vous ridiculiser, continuez toujours d'être persuadées qu'il n'y a pas d'occupation plus noble, ni plus conforme à la Nature, à la simplicité, à l'honnêteté des mœurs & au bien de la société, que celle à laquelle vous consacrez la plupart de vos instans : que votre exemple inspire à vos filles le goût du ménage, & les forme de bonne heure aux talens qu'il faut pour le conduire avec économie, si elles veulent devenir comme vous des femmes honnêtes, des épouses vertueuses, des mères tendres, des maîtresses compatissantes, en un mot, de bonnes Ménagères. Heureux celui qui aura l'avantage de posséder le cœur d'une femme qui vous ressemblera !

Du choix du Blé.

TOUTES les espèces de blé peuvent également donner de bon pain, pourvu qu'on

connoiſſe les moyens d'en tirer un parti avantageux. Chaque province produit des blés plus
ou moins parfaits ; mais la farine, pour n'être
pas auſſi abondante, n'en eſt pas moins propre
pour l'uſage auquel on la deſtine, étant pétrie,
fermentée & cuite ſuivant les procédés dont il
ſera bientôt queſtion.

Le meilleur blé eſt ſec, dur, peſant, ramaſſé,
bien nourri, plus rond qu'ovale, ayant la rainure
peu profonde, liſſe & clair à ſa ſurface, & d'un
blanc jaunâtre dans ſon intérieur, qui ſonne
lorſqu'on le fait ſauter dans la main, & cède
aiſément à l'introduction du bras dans le ſac qui
le renferme, tous indices qui prouvent ſon état
ſec & net.

Le blé inférieur eſt celui qui s'éloigne des
caractères diſtinctifs dont nous venons de parler ;
c'eſt-à-dire, qu'il eſt plus maigre & plus alongé,
d'un jaune plus foncé, léger, ayant l'écorce plus
épaiſſe & plus terne, ſe caſſant plus aiſément
ſous la dent, & offrant dans ſon intérieur une
matière moins ſerrée & moins blanche.

Les blés médiocres ſont encore plus chétifs,
plus légers & preſque toujours mélangés de ſeigle,
d'orge, de nielle, d'ivraie, de rougeole, de pois
gras, qui colorent & diminuent la farine, rendent
le pain bis, ſans poutant nuire à ſa ſalubrité.

Les blés altérés fe reconnoiffent bientôt à leur odeur & à leur goût ; il fuffit de les porter fous le nez, ou de les mâcher pour s'en affurer : leur furface d'ailleurs eft prefque toujours haute en couleur, & la matière farineufe qu'ils contiennent, offre un blanc terne.

Le proverbe qui dit *qu'on n'a jamais bon marché de mauvaife marchandife,* ne fauroit être mieux appliqué qu'au blé ; car c'eft toujours une économie mal entendue, que de préférer les blés de moyenne qualité aux bons blés, à caufe de leur cherté : les produits en farine & en pain de ces derniers, dédommagent au-delà de l'excédant du prix qu'on les a achetés.

Les boulangers n'emploient prefque jamais que les plus excellens blés, parce qu'outre qu'ils trouvent du bénéfice dans le produit, c'eft qu'il leur eft encore bien plus facile d'en faire du beau & bon pain : fi quelquefois les propriétaires croient devoir en ufer autrement, c'eft dans des vues d'intérêt, parce que le beau blé eft plus de défaite, & qu'il fe vend plus cher que les blés médiocres. Il eft même utile de confommer ces efpèces de blés médiocres dans les endroits où on les a récoltés, à caufe qu'ils fe gardent & fe tranfportent moins aifément que les blés de première qualité.

A iv

De la conservation du Blé.

DES vues particulières d'économie, déterminent souvent les bonnes Ménagères de se précautionner de grain pour la subsistance de leur famille pendant quelque temps : il est bon alors qu'elles soient au fait des moyens les plus praticables, pour mettre leur provision à l'abri des accidens qui pourroient la détériorer.

Avant de porter le blé au grenier, il faut d'abord s'informer des circonstances qui ont accompagné sa croissance & sa récolte ; car c'est l'état où il se trouve après avoir été battu, qui doit régler la nature & les espèces de soins qu'il faut prendre pour sa conservation.

Le blé qui vient d'une année sèche & chaude, quel que soit le terrein ou le climat où il a cru, se garde de lui-même, sans employer presque aucun soin ; mais si la récolte a été au contraire froide & humide, il est essentiel de ne pas le perdre un instant de vue, & de le veiller de près, autrement l'eau dont il a été nourri, concourt bientôt à son dépérissement.

C'est sur-tout au printemps qui succède à la moisson, qu'il faut redoubler d'attention, parce qu'aux premières chaleurs le blé *jette son feu,* fermente, s'altère, & que d'ailleurs c'est le temps où les charançons & autres infectes, cherchent un abri pour dépofer leur poftérité.

Au moyen de quelques précautions employées à propos, on peut mettre le blé à couvert de ces accidens ; car dès qu'une fois il s'eft échauffé fortement, ou que les infectes, alléchés par l'odeur, s'y font jetés en foule pour faire leur ponte, il eft bien difficile de rétablir le grain dans fon premier état : il faut donc tâcher de prévenir le mal & de l'arrêter à fa fource.

Choifir de préférence, pour ferrer le bon blé, l'endroit de la maifon le plus frais, le plus fec, le plus éclairé, le plus propre, le plus éloigné des foyers, des latrines, des écuries & autres lieux habités par des animaux ; en fermer les fenêtres avec des chaffis en toile, afin de laiffer l'air pénétrer librement ; interdire l'entrée aux fouris, aux rats & aux chats, à caufe du dégât qu'ils occafionnent, & de l'odeur que le blé, par leurs émanations, peut contracter ; ne pas amonceler le grain en tas trop épais, pour que la tranfpiration qui en réfulte s'évapore ; renouveler l'air dans l'intérieur du tas, & rafraîchir chaque grain, en remuant à la pelle, & faifant changer par ce mouvement tout le blé de place : telles font les précautions générales à mettre en uſage, pour ſoigner & conſerver en bon état ſon blé.

Lorſqu'il n'eſt pas poſſible de ſe procurer un emplacement qui réuniſſe les avantages dont il vient d'être queſtion, il faut, au lieu de répandre le blé ſur le plancher, le tenir renfermé dans des ſacs de toile lâche & claire, qui permettent à l'humidité de s'exhaler; iſoler les ſacs par le moyen de quelques barres de bois élevées horizontalement à quelque diſtance du plancher, pour que l'air puiſſe circuler facilement tout autour : on auroit ſoin de les ouvrir quand il feroit fort chaud, & d'y enfoncer de temps en temps un bâton, pour produire du froid & favoriſer une évaporation.

Dans le cas où le blé ſeroit récolté humide, & que, faute de ſoins, il ſe trouveroit infecté d'inſectes, on pourroit ſe procurer une tonne d'une capacité proportionnée, au fond de laquelle il y auroit, à trois pouces de diſtance du plancher, un chaſſis couvert de toile, où l'on adapteroit un foufflet à long tuyau. Ce foufflet, étant mis en jeu, feroit paſſer une colonne d'air à travers toute la maſſe, qui rafraîchiroit le grain, emporteroit avec elle l'humidité ſurabondante, l'odeur qu'il auroit contractée, & obligeroit les inſectes de fuir, parce qu'ils redoutent le froid. Cette manière d'éventer le blé, doit être regardée comme l'étuve du ménage.

De quelques précautions à employer, avant de porter le Blé au moulin.

CE n'est pas assez d'avoir fait choix du bon blé, de l'avoir soigné & conservé comme il convient, il faut encore qu'il subisse différentes préparations pour pouvoir être converti en aliment agréable & sain. Voyons les précautions qu'il exige encore avant d'être porté au moulin.

Quand l'hiver a passé sur le grain nouveau, soit qu'il ait acquis toute sa perfection à la grange, étant renfermé dans l'épi, ou bien que, battu peu de temps après la récolte & porté ensuite au grenier, il ait ressué & *jeté son feu;* il est certain qu'alors on peut le faire moudre avec profit, sans courir aucun risque.

L'expérience a souvent prouvé que les grains, en général, peuvent occasionner des désordres dans l'économie animale, lorsqu'on les mange trop nouveaux, & qu'ils viennent d'une année froide & humide. C'est même à cela qu'il faut attribuer certaines maladies épidémiques qui ont désolé quelques-unes de nos provinces septentrionales, sans qu'il fût possible d'en découvrir d'abord l'origine.

On ne fauroit donc trop recommander dans une pareille circonftance, à ceux que la néceffité contraint à fe jeter fur les grains trop nouveaux pour s'en nourrir, de les expofer auparavant à la chaleur du foleil & du four : par cette fimple précaution, facile à être employée par-tout, on opéreroit en un moment tous les effets qui fe paffent à la grange & au grenier dans l'efpace de fept à huit mois ; je veux dire qu'on dé-pouilleroit le grain d'une efpèce d'humidité nuifible & particulière, appartenant encore à la végétation, & qui fe trouve en plus grande abondance dans les feigles, à caufe de leur état plus gras & vifqueux que n'eft le blé.

Nous croyons cependant devoir obferver ici, qu'un blé qui réfulte d'une année sèche & chaude, auquel il n'eft arrivé aucun accident pendant fa croiffance, qui n'a pas été nourri d'eau durant la moiffon, & qu'on a tranfporté bien conditionné à la grange ; que ce blé, dis-je, n'eft pas dans le cas dont nous parlons, & qu'il demande beaucoup moins de précautions pour être employé après la récolte.

Nous obferverons encore, contre le fentiment reçu, que le blé ne gagne pas autant de fupé-riorité qu'on le prétend, à mefure qu'il vieillit. Il acquiert, il eft vrai, la faculté de fe conferver

plus aiſément, d'abſorber davantage d'eau dans
le pétriſſage; mais à la fin de la première année
de ſa récolte, le pain qu'on en prépare n'a plus
déjà cette ſaveur exquiſe que l'on pourroit
caractériſer par *le goût du fruit*, ce qui prouve
qu'il a perdu quelque choſe, & que ſes principes
ſe trouvent autrement arrangés & modifiés : ainſi
les grains ſans être dégénérés, ſans ceſſer d'être
bons & de fournir un aliment ſalubre pendant
pluſieurs années, n'ont plus la même valeur du
côté de la délicateſſe & de l'agrément au bout
de douze & quinze mois; mais il n'y a pas de
végétaux qui ne ſubiſſent cette loi de la Nature,
& les bonnes Ménagères qui cherchent à ſe faire
des reſſources pour la ſaiſon où la Nature paroît
ſe repoſer, ſavent que leurs légumes & la plupart
de leurs fruits gardés, n'ont plus cet agrément
qu'on y rencontre dans la nouveauté.

Quand il ne devroit réſulter de la précaution
que nous recommandons de dépouiller les grains
mouillés ou trop nouveaux de leur humidité,
avant de les porter au moulin, qu'un avantage
pour la ſanté, ce ſeroit ſans doute une forte
raiſon pour ne pas négliger de l'employer; mais
l'économie y trouvera également ſon compte.
L'écorce ſe détachera plus aiſément, on aura
infiniment moins de ſon, les meules ne ſeront

pas empâtées, ni les bluteaux graiſſés ; la farine qui en proviendra ſera plus abondante, plus parfaite ; elle ſe conſervera infiniment mieux ; boira davantage d'eau au pétriſſage, & donnera par conſéquent une quantité plus conſidérable de pain, & de meilleure qualité.

Les blés trop ſecs ne ſont pas non plus exempts d'inconvéniens, quand on va les faire moudre en cet état ; mais les précautions qu'ils exigent, ſont abſolument oppoſées à celles que nous avons indiquées pour achever la maturité & la ſéchereſſe des grains par le moyen du ſoleil ou du four. L'écorce des blés trop ſecs, s'écraſe plus facilement qu'on ne voudroit ; une partie ſe réduit en poudre fine, & paſſe à travers les bluteaux fins, altère la blancheur de la farine & la qualité du pain ; elle occaſionne, en outre, un déchet marqué par la pouſſière légère qui voltige dans le moulin, dans la bluterie, & que l'air emporte avec lui au dehors. Il faut donc reſtituer à ce blé trop ſec, la portion d'humidité que les blés trop nouveaux ou mouillés ont par ſurabondance.

Sur un ſetier de blé trop ſec, peſant à peu-près deux cents quarante livres, on répand environ dix pintes d'eau, par le moyen d'un arroſoir : on laiſſe ce blé en tas toute une nuit, afin que chaque grain fe pénètre infenfiblement de l'humidité qui le recouvre. On ne doit faire cette opération que quand on eft prefque sûr de jouir du moulin vingt-quatre heures après, parce qu'autrement, s'il faifoit chaud, le blé ainfi arrofé d'une eau étrangère à celle qu'il contient naturellement, courroit plus vîte encore les rifques de s'altérer. Si l'on néglige cette précaution, le meunier n'y manquera pas, & pourra rendre en eau ce qu'il aura retenu en farine.

Autant que l'on peut, il faut choifir le moment propice pour faire moudre fon blé, & fe précautionner contre les inondations, les gelées & le temps calme, qui arrêtent & fufpendent le mouvement des moulins à eau & à vent. Mais fur cela, comme fur bien d'autres chofes, il eft bon de s'en rapporter entièrement à la prudence de la bonne Ménagère, qui a toujours en réferve de la farine plus que le befoin actuel de la famille ne l'exige, & qui fe laiffe rarement prendre au dépourvu lorfqu'il s'agit de la provifion la plus importante de la maifon, dont elle eft l'agent principal.

Du Blé au moulin.

IL feroit bien difficile de pouvoir indiquer ici les moyens affurés de furveiller le grain, quand il est une fois hors du grenier & transporté chez le meunier. Le moulin est une si grande machine, composée de tant de pièces, & tellement compliquée, qu'il est impossible à l'œil le plus pénétrant d'en suivre toutes les opérations, & quand il le pourroit, l'éloignement où l'on se trouve quelquefois du moulin, l'état de l'atmosphère ou des eaux, qui ne permet pas toujours de déterminer l'instant où l'on moudra, sont d'autres obstacles encore qui multiplient les difficultés.

Quand la bonne Ménagère pour ne pas perdre de vue son grain, le feroit accompagner par sa servante au moulin, qu'elle s'y rendroit ensuite pour être présente à la mouture ; qu'elles se distribueroient l'une près de la trémie & l'autre à la huche ; le meunier, malgré leur vigilance, peut à sa volonté, comme un joueur de goblet, à la faveur d'une ficelle, d'un geste, d'un mot convenu, escamoter le blé en haut, en y substituant un grain de moindre qualité, donner en bas plus de son que de farine, & mettre par-là en défaut les regards de ses argus, sans qu'il soit trop possible de voir la manœuvre, & de convaincre de fraude celui qui seroit capable de la faire. A Dieu ne plaise que je cherche à rendre suspecte la conduite de qui que ce soit !

je

je defirerois même qu'il fût poffible d'effacer ici toute impreffion défavorable fur le compte du meunier.

Si l'on ajoute à cet inconvénient celui des moulins mal montés, mal entretenus & dirigés fans intelligence, on ne pourra guère fe difpenfer de fentir la néceffité & les avantages qu'il y auroit d'établir le commerce des farines dans tout le Royaume, puifqu'on ne feroit plus expofé à être trompé par la cupidité, la maladreffe & la négligence du meunier : les pertes, les mal-façons feroient toujours à la charge du marchand, qui, par cette raifon-là même, feroit intéreffé à veiller de près la farine, dont la bonté, la blancheur, & la qualité qui en réfultent, ne répondent pas toujours à la qualité du blé.

Le commerce des farines feroit encore l'unique & le plus fûr moyen, de rendre la mouture économique plus générale. Nos marchés feroient alors garnis de farine autant que de blé, ainfi qu'ils le font à Paris depuis une trentaine d'années que les boulangers ont abandonné l'ufage dans lequel ils étoient d'envoyer leur blé au moulin & de bluter chez eux, pour ne plus acheter que de la farine toute prête à être employée.

Si la bonne Ménagère avoit le temps & l'oc-cafion de faire des effais de comparaifon, entre les produits de différentes moutures, nous l'engagerions, nous la folliciterions avec inftance, à vérifier par elle-même, fi on lui en impofe, fi on exagère, & fi nous avons d'autres vues que fa confervation & fon économie : elle verroit bientôt combien la mouture économique eft en état de lui procurer de bénéfice, & que c'eft un moyen affuré & connu, de retirer du même grain un fixième de plus en farine, beaucoup plus de pain par conféquent, & d'une qualité fupérieure à celui qui proviendroit d'un blé encore plus excellent. Pourquoi éprouve-t-on fi fouvent cette trifte vérité, que les chofes les plus utiles font ordinairement celles qui trouvent le plus d'oppofition lorfqu'on cherche à les rendre générales ?

En attendant que la mouture économique, perfectionnée & defirée par tous les bons Citoyens, puiffe être fubftituée aux méthodes défectueufes de moudre, ufitées dans le Royaume, je ferai remarquer que les produits des moutures ordinaires ne pouvant être déterminés au jufte, parce qu'ils dépendent non-feulement de la qualité du grain & de l'efpèce de moulage, mais encore de la fidélité & de l'intelligence du meunier, comme auffi de la manière dont fon moulin eft monté, il faut de toute néceffité choifir le meunier le plus habile, celui qui jouit de la meilleure réputation, & se confier aveuglément à lui : j'en connois d'honnêtes, qui font leur état avec une probité digne d'éloges.

Si on ne connoît pas suffisamment son meunier, & que par malheur on ait quelque raison de le soupçonner, il est bon alors de prendre ses précautions, pour être moins trompé que faire se peut. Il faudra donc d'abord peser son blé, cacheter le sac sur la ficelle, être témoin quand on le verse dans la trémie, & le cacheter de nouveau après qu'il a été moulu ; continuer de payer la mouture en argent & non en substance, c'est-à-dire, en grain ou en farine ; obliger de rendre poids pour poids, au déchet près, qui est connu & va tout au plus à cinq livres par setier de blé pesant deux cents quarante. Voilà à peu-près la conduite qu'on peut tenir en pareil cas.

J'avertis encore la bonne Ménagère, de ne pas abandonner désormais le son au profit de sa domestique, parce que celle-ci ne veillera pas à ce que le blé soit moulu à profit ; & que le meunier, auquel elle aura pu recommander qu'il fasse en sorte que le son soit abondant & gras, moudra & blutera mal, donnera beaucoup de son à la servante & peu de farine à la maîtresse.

B ij

Cet usage est reconnu tellement abusif, que depuis peu les boulangers de la Capitale ne laissent plus à leurs garçons les balayeures du fournil, parce qu'ils ont remarqué qu'il y en avoit qui introduisoient dedans de la farine même, pour en augmenter la quantité & le prix : évitons toujours de fournir à autrui des occasions de nous tromper.

De la Farine.

LORSQUE le blé est revenu du moulin sans être bluté, c'est-à-dire, le son & la farine confondus ensemble, il exige d'autres soins, d'autres manipulations, ses propriétés sont différentes ; enfin ce n'est plus du grain.

Il ne faut pas répandre sur le plancher, dans le grenier, la farine au sortir du moulin, blutée ou non, ainsi qu'on a coutume de le faire quelquefois pour le blé, aussitôt qu'il est battu, vanné & criblé, parce que toutes ses parties volatiles & savoureuses, développées par l'action du broiement, s'évaporeroient bientôt, si on ne la tenoit renfermée dans des sacs. La farine en tombant de la trémie dans la huche, perd toute la chaleur qu'elle a éprouvée sous la meule, & l'on ne doit pas craindre qu'elle contracte aucune odeur.

En tenant la farine renfermée dans des facs, & plaçant ces facs dans un lieu tel que nous l'avons défigné à l'article de la confervation du blé, on empêcheroit encore que l'air n'enlève la portion de la farine la plus fine & la plus légère; que la pouffière qui pourroit s'introduire par la fenêtre, la porte, ou qui tomberoit du haut du plancher, ne fe dépofe à la fuperficie du tas de farine; enfin, que les rats, les chats & les infectes n'y occafionnent beaucoup de dégâts: de bons obfervateurs ont remarqué que la mite, qui fe met dans la farine répandue fur le plancher à l'air libre, n'entroit pas auffi aifément dans les facs.

Si dans quelques établiffemens où il fe fait une grande confommation de farine, on prétend qu'il foit plus commode de répandre cette marchandife fur le plancher, ou fur le carreau d'un magafin, plutôt que de la diftribuer dans des facs, & de l'y tenir renfermée, parce que d'un côté on évite l'embarras & la dépenfe des facs, & que de l'autre on ne court pas autant de rifques de la part des temps humides & chauds, vu qu'on eft plus à même de remuer la farine avec la pelle, de la rafraîchir à volonté par l'air nouveau & froid qu'on y introduit, nous répondrons que c'étoit à la vérité la pratique qu'on fuivoit autrefois dans les magafins & les hôpitaux ; mais qu'on en eft revenu à caufe des inconvéniens qui en font inféparables, pour adopter la pratique dont nous parlons, & qu'il eft démontré que la farine dans les facs s'échauffe moins.

Nous répondrons encore qu'en ifolant les facs de farine de toutes parts, comme nous l'avons recommandé pour le blé, en les tenant ouverts lorfqu'il fait chaud ; en y enfonçant le manche d'une pelle jufqu'au fond, pour y former ce qu'on nomme une cheminée, afin que l'air qui pénètre dans l'intérieur du fac, enlève avec lui une humidité particulière qui tranfpire continuellement des corps végétaux amoncelés, la farine, fi elle vient du blé fec & mûr, fe confervera en bon état. On peut même renouveler ces cheminées de la même manière, en faifant à côté des trous perpendiculaires, depuis l'orifice jufqu'au fond du fac.

Le grain moulu qui n'a pas encore paffé au blutage, rapporté à la maifon, eft brut & groffier, il faut lui enlever le corps étranger qui donne à la farine un toucher rude & un afpect défagréable ; ce corps étranger eft le fon, qui n'eft utile qu'au blé, & que l'on doit foigneufement féparer, parce qu'il ne peut nourrir.

La bluterie, cette partie de la boulangerie fi perfectionnée en France, n'a été imaginée que pour cet effet unique.

Mais pour procéder avec avantage à la féparation du fon, des farines, il faut faire en forte de choifir quand on le peut un temps favorable & fuffifamment fec; car, lorfque l'air fe trouve chargé de beaucoup d'humidité, celle-ci s'attache aux bluteaux, qui ne laiffent pas paffer toute la farine, laquelle fe détache difficilement du fon : cet inconvénient n'a pas lieu au moulin, lorfqu'on blute en même temps que l'on moud.

Je crois que c'eft une erreur de penfer qu'il faille laiffer féjourner un certain temps l'écorce du blé dans la farine, fous le prétexte qu'elle la conferve & la bonifie. Il eft démontré, au contraire, par une multitude d'expériences que le fon s'échauffe & s'altère plus promptement que la farine, qui prend à la longue de l'odeur, de la couleur, & particulièrement une faveur que l'on diftingue par le nom de *goût de fon*, ou *de bis :* d'ailleurs, c'eft une maxime parmi les Commerçans, que les farines s'échauffent d'autant plus aifément qu'elles font plus bifes; c'eft-à-dire, qu'elles contiennent plus de fon.

Le fon ne doit donc refter mélangé avec la farine, que le temps néceffaire pour que la farine qui y adhère s'en détache & fe défuniffe infenfiblement : ce temps eft à peu-près l'affaire de huit jours en été, & le double en hiver.

Comme il faut tirer parti de tout, & notamment du grain, qui fert aux objets de première néceffité, on remarquera que le fon appartenant à un blé humide, moulu & bluté dans cet état, pourroit retenir beaucoup de farine, qui ne fe détache que quand il acquiert de la féchereffe ; il conviendroit de le paffer de nouveau aux bluteaux avant de l'employer, afin d'en féparer cette farine qui pourroit entrer dans la compofition du pain des domeftiques.

On retire ordinairement du même grain plufieurs efpèces de farines qui varient en blancheur, en fineffe, en pefanteur & en propriété : elles font connues dans le commerce fous différentes dénominations, & ne doivent leur exiftence qu'à la manière dont elles ont été moulues & blutées.

Il n'y a pas de méthode de moudre qui faffe plus d'efpèce de farine du même grain, que celle par économie, parce qu'on moud & remoud, que l'on rend à part les différens produits qu'on obtient, foit en farine, foit en fon.

On diftingue dans la mouture économique, cinq fortes de farines, & rien n'eft plus avantageux que d'extraire ces farines à part : elles ont chacune des propriétés particulières , & propres à former un bon tout, un pain meilleur, plus subſtantiel, plus nourriſſant que celui qui réſulteroit de chaque eſpèce de farine priſe féparément : toutes ces farines devroient donc être employées la plupart du temps enfemble, & un pareil mélange mériteroit à juſte titre le nom de *farine de ménage.*

Me voici ramené , comme malgré moi, à dire encore un mot ſur les avantages du commerce des farines & de la mouture économique : ainſi je terminerai cet article par une nouvelle réflexion à ce ſujet. La bonne Ménagère ne pourroit que trouver un bénéfice aſſuré en vendant ſon blé, pour acheter de la farine à la place , parce que quand elle fait moudre, elle ne s'attache point à connoître d'une manière poſitive le produit en farine & en ſon qu'on lui rend de ſon grain ; elle n'en a pas même le moyen, puiſque ſouvent elle eſt à la diſcrétion du meunier , tandis que la farine qu'elle auroit payée au poids , lui donneroit la facilité de juger, d'après un calcul exact, le prix auquel lui reviendroit ſon pain, ſans compter qu'elle n'auroit plus l'inquiétude du ſoupçon , la peine de ſoigner la mouture, l'attirail des bluteaux, les gênes continuelles de vider & de remplir les ſacs, tous embarras qui occupent

& partagent ſon temps quelquefois en pure perte.
Nous verrons dans l'inſtant que la bonne Ménagère ſeroit encore moins expoſée à être trompée
par les marchands de grains, parce que la farine
a des caractères frappans, difficiles à méconnoître
pour l'œil le moins exercé.

Des moyens propres à faire connoître la qualité de la farine.

RIEN de plus ſpécieux en apparence, que
de dire que la farine ſubſtituée au blé dans le
commerce, donneroit lieu à de nouveaux abus
d'autant plus dangereux, qu'il ſeroit difficile
& peut-être même impoſſible de s'aſſurer des
mélanges de toutes ſortes d'ingrédiens, qu'on
auroit pu mettre en uſage pour la falſifier &
l'alonger: mais l'expérience prouve le contraire;
& j'oſe aſſurer que la farine a des caractères
diſtinctifs de bonté & de médiocrité, comme
le grain qui la produit.

S'il s'agiſſoit d'indiquer ici toutes les manières
par leſquelles on éprouve la farine, il ſeroit
néceſſaire de citer la pratique de ceux qui ont
continuellement ſous les yeux cette marchandiſe,
puiſque les fariniers, les meuniers & les boulangers ont chacun la leur, indépendamment
de l'habitude qu'ils ont preſque tous, pour juger

à la première infpection de la farine, quelle eft l'efpèce & la qualité du grain d'où elle provient; mais il nous fuffira de rapporter les marques les plus fenfibles, qui peuvent fervir comme de pierre de touche à la bonne Ménagère, pour connoître la valeur de la farine.

Nous lui avons déjà défigné les bonnes & les mauvaifes qualités du blé, faifons-en autant pour la farine.

La meilleure farine eft d'un jaune citron, sèche, grenue, pefante; elle s'attache aux doigts, & preffée dans la main elle refte en une efpèce de pelotte: pour juger de fa bonté d'une manière encore plus exacte, il faut en faire une boulette avec de l'eau, fi la pâte qui en réfulte, après l'avoir bien maniée, s'affermit promptement à l'air, prend du corps & s'alonge fans fe féparer, c'eft un figne alors qu'elle eft bien faite, & que le blé qui l'a fournie eft de la meilleure qualité.

La farine de moyenne qualité a un œil moins vif, elle fait une pâte qui mollit & tient aux mains; elle eft courte & fe rompt volontiers lorfqu'on veut l'étendre.

Quant aux farines altérées, elles s'annoncent affez par leur odeur qui eft ordinairement aigre ou infecte, odeur qui pourroit être mafquée dans le grain, mais que les meules ne manquent pas de développer.

On peut encore pour connoître la qualité de la farine, employer le moyen suivant : prenez une livre de farine, formez-en une pâte avec une suffisante quantité d'eau, maniez ensuite cette pâte pendant un demi - quart d'heure, puis tenez-là entre les mains sous le robinet d'une fontaine, d'où sort un filet d'eau qui, en passant sur la pâte, doit traverser un tamis, afin que s'il se détachoit quelque chose de la pâte on pût l'y incorporer ; dès que l'eau aura entraîné avec elle toute la matière farineuse, & qu'elle cessera d'être blanche, il restera dans les mains une substance colante, qui en s'étendant présente une membrane transparente, qui ne s'attache pas aux doigts mouillés. On pèse cette matière, & s'il s'en trouve entre quatre & cinq onces, on peut conclure que c'est la meilleure farine.

Moins la farine fournira de cette matière colante, moins aussi elle aura de qualité ; je dis toujours la farine, parce que le blé pourroit en contenir beaucoup & la farine n'en donner que très - peu. Le meunier en moulant mal laisse beaucoup de gruau dans les sons, diminue d'autant la valeur & la bonté de la farine, ainsi

que la proportion de cette matière colante,
qui n'eſt jamais abondante dans les blés niellés,
dans les blés humides & dans les moutures
vicieuſes.

Outre que l'abondance de la matière colante
eſt un caractère de la bonne qualité de la farine,
elle peut ſervir encore à faire reconnoître leur
mélange & leur détérioration, puiſque cette
matière colante ne ſe rencontrant que dans la
farine qu'on retire du blé, tous les ingrédiens
qu'on y ajouteroit diminueroient ſa quantité.

J'ai déjà avancé que la connoiſſance des
farines étoit pour le moins auſſi facile à acquérir
que celle des grains qui les avoient produites,
ce qui m'a engagé à ajouter que la bonne
Ménagère ne ſeroit pas plus expoſée à être
trompée de ce côté ; en effet, ſi les commerçans
pouvoient jamais ſe permettre d'introduire dans
les farines de la craie, du plâtre, &c. il ſuffiroit
de les délayer à grande eau ; ces matières étrangères ſe dépoſeroient bientôt en ſe préſentant
telles qu'elles ſont. Il ſeroit bien aiſé encore de
s'en apercevoir, ainſi que je l'ai déjà dit, en
faiſant avec ces farines du pain qui ſeroit lourd
& maſſif : mais enfin, plus la farine contiendra
de matière colante, plus elle ſera d'un bon
travail, rendra de pain & de bonne qualité.

De l'eau dans le pain.

LA bonté du pain ne dépend nullement de la qualité des eaux avec lesquelles on le fabrique, c'est le degré de chaleur qu'on leur donne qui y contribue; les expériences que j'ai faites dans quelques endroits où cette opinion étoit le plus en vogue, ne me permettent plus de douter de cette vérité.

Toutes sortes d'eaux, pourvu qu'elles soient potables, peuvent servir indifféremment à la préparation du levain, au pétrissage de la pâte & à la fabrication du pain; ainsi l'eau de puits, l'eau de citerne, l'eau de fontaine, l'eau de rivière & l'eau de pluie, ne présentent dans la fermentation & la cuisson de cet aliment, aucune nuance de légèreté, de blancheur & de saveur, capable d'en désigner la nature, l'espèce & l'origine.

On auroit peine à se persuader combien l'idée dans laquelle on est en province que l'eau fait le pain, combien, dis-je, cette idée nuit à la bonté de cet aliment; lorsqu'il est mauvais on ne s'en prend jamais à l'imperfection du moulage ou à l'ignorance du fabriquant, c'est toujours sur la qualité des eaux qu'on se rejette, & l'im-possibilité de s'en procurer d'autres, accoutume infenfiblement à une nourriture défectueufe, qu'on pourroit facilement rectifier fi l'on n'étoit pas trompé fur les véritables caufes.

Les Auteurs qui font continuellement difpofés à expliquer des phénomènes qui n'exiftent point, & à perpétuer des erreurs qui n'ont aucune vraifemblance, devroient bien vérifier fi leur opinion eft fondée avant d'en faire part, & ne pas défigner toujours l'eau où cuifent les légumes & qui diffout parfaitement le favon, comme la feule propre à fabriquer du bon pain, puifque la plupart des boulangers de la Capitale, fe fervent de l'eau de puits, qui n'a précifément aucune des propriétés qu'ils exigent; on ne difconviendra pas cependant que le pain de Paris, ne foit un des meilleurs qu'on mange en Europe; c'eft donc le degré de chaleur qu'on donne à l'eau qui produit tout l'effet.

Je ne contefte pas que dans quelques Arts, l'eau ne puiffe avoir de l'influence; mais ce n'eft pas ici le lieu d'en donner la raifon : j'obfer-verai feulement que l'air concourt davantage à la qualité & à la faveur d'une eau qui n'eft pas dans la claffe des eaux minérales, que la petite quantité de matière faline & terreufe, très-fouvent infipide qui s'y trouve en diffolution.

L'eau en s'uniffant avec la farine dans le

pétriſſage, lâche ſon air lorſque la pâte fermente & qu'elle éprouve la chaleur de la cuiſſon, à peu-près de la même manière que ſi on la faiſoit chauffer, en ſorte qu'elle a beau être légère avant de s'être corporifiée avec la pâte, elle ſe trouve par ce moyen, aſſimilée à l'eau la plus peſante : il ſeroit bien impoſſible aux buveurs d'eau de deviner l'eſpèce qu'ils boiroient, ſi elles étoient toutes dans l'état tiède.

On peut établir en général, que l'eau doit être employée dans la fabrication du pain ſous trois états, 1.° telle qu'elle eſt quand il fait chaud, 2.° tiède en hiver, 3.° enfin, chaude dans les grandes gelées ; mais on a remarqué qu'il réſultoit toujours de la même farine, trois qualités de pain différentes, & que la meilleure étoit conſtamment celle qui avoit été pétrie à l'eau froide. Le pain à l'eau froide ou tiède, ſera toujours plus délicat que celui à l'eau chaude.

Beaucoup de gens de la campagne, ſont dans l'uſage de faire bouillir la totalité de l'eau qu'ils veulent employer pour préparer leur pain : j'en ai vu courir le village, pour chercher un vaſe aſſez grand pour la contenir ; mais il ſuffit d'en faire bouillir une partie, & de la mêler enſuite toute bouillante avec l'autre qui eſt froide,

froide, d'où il réfulte une eau à la température que l'on defire.

Que l'on fe donne bien de garde fur-tout de verfer fur le levain de l'eau bouillante, même dans le temps où le grand froid rend l'eau chaude néceffaire, dans l'intention de la tiédir auffitôt par le mélange de l'eau froide, parce qu'elle furprendroit la pâte, la rendroit grife, molle, lui ôteroit de fa fermeté & de fa confiftance; c'eft fans doute comme cela qu'il faut entendre les mauvais effets que l'on attribue fans preuve à l'eau qui a bouilli, on a voulu dire l'eau bouillante. Mais comme dans les temps chauds & dans certains endroits, l'eau pourroit contenir des infectes ou des œufs, on ne devroit jamais l'employer fans la paffer à travers un tamis de crin ferré.

Du Levain.

L E levain eft la partie la plus effentielle, la plus délicate & la plus difficile de la fabrication du pain. Cet aliment fans lui ne feroit autre chofe qu'une galette plate, vifqueufe, indigefte & fans goût.

Le procédé que l'on fuit dans la préparation du levain, la quantité qu'on en introduit dans la farine, l'état de fermentation où il fe trouve

C

à l'inftant même qu'on va l'employer, la néceffité de le veiller & de le conduire dans le
pétrin, font autant de points d'où dépendent la
légèreté, la blancheur, le volume & le bon goût
du pain : arrêtons-nous un inftant fur chacun
de ces points, ils méritent bien qu'on s'y rende
attentif. Je garantis qu'après cela on pourra faire
avec le grain le plus médiocre, de très-bon
pain.

Je l'avoue, & je dois en prévenir la bonne
Ménagère, ce que je vais expofer dans cet article & dans ceux qui fuivent, eft abfolument
contraire aux principes qu'elle a adoptés, &
aux ufages qu'elle fuit; mais j'efpère qu'avant
de juger, elle voudra bien exécuter à la lettre,
fans préoccupation. Je me flatte qu'enfuite elle
renoncera à fon antique routine, avec les regrets
de ne pas l'avoir abandonnée plus tôt. Faifons en
forte de la rapporter ici en abrégé cette antique
routine : les femmes intéreffantes auxquelles je
m'adreffe, méritent d'être éclairées fur cet objet,
& non critiquées.

Le levain de la dernière fournée, lorfqu'on
eft fur le point de s'en fervir, a quelquefois huit
jours, & même plus, fuivant la grandeur du
four, le nombre des confommateurs, l'ufage &
le goût du pays. Le foir, la veille de la cuiffon,

on dépofe ce levain dans un enfoncement préparé au milieu de la farine deftinée à être convertie
en pain , on le délaye , dans toutes les faifons,
avec de l'eau chauffée au point qu'on n'y fauroit
tenir la main : on y mêle peu-à-peu la farine
circonvoifine , qui fait à peu-près le douzième
de la totalité de celle qu'on fe propofe d'employer : on en forme une pâte molle qu'on
laiffe repofer toute la nuit dans le pétrin , &
qu'on tient chaudement couvert : le lendemain
matin on le trouve prefque toujours crevaffé à
la furface & dans les côtés , affaiffé & aplati ,
ayant coulé de toutes parts par rapport à fon
peu de confiftance & à fon trop grand apprêt.
Il exhale alors une odeur aigre très - fenfible ;
enfin il eft paffé.

C'eft cependant avec un levain de cette
efpèce que l'on fe propofe de faire le pain.
Que peut-on efpérer du meilleur grain & de la
plus belle farine lorfque le fondement de tout
l'édifice eft manqué ? lorfqu'on continue toujours
d'agir fans principes , que l'on pétrit fans foin
avec de l'eau très-chaude , que la pâte eft mal
tournée , qu'on l'enfourne trop tôt ou trop tard,
fans être jamais à fon vrai point ; enfin quand
le four eft mal conftruit , & qu'il n'eft pas
chauffé au degré qu'il convient ?

Tandis que la bonne Ménagère fait l'impof-fible pour n'employer qu'un levain bien vieux, c'eft-à-dire, extrêmement aigre & fans force, le boulanger ne paroît occupé que des moyens de fe procurer tout le contraire, c'eft-à-dire, un levain nouveau & vineux : il met de côté, dès le matin, un morceau de pâte, à laquelle il ajoute plufieurs fois dans le cours de la journée, jufqu'à cinq fois, de nouvelle farine, ce qu'il appelle *rafraîchir fon levain*, afin que trois heures avant de pétrir, ce levain, formé ainfi en dif-férens temps, foit fpiritueux & produife tout l'effet defiré : mais il s'agit moins de parler des foins multipliés que le boulanger adroit, vigilant & actif emploie pour préparer & conduire fon levain, que d'indiquer ici à la bonne Ménagère les moyens fimples qui font le plus à fa portée, & les plus conformes à fes occupations, pour mettre, en peu de temps & avec moins d'ap-pareil, le levain dans le véritable état où il doit produire l'effet qu'on defire.

De la préparation du Levain.

TOUT eft important dans la fabrication du pain; mais le plus effentiel réfide particulière-ment dans la préparation & l'emploi du levain, c'eſt la partie de la boulangerie qui demande le plus d'attention, d'intelligence & d'expérience.

Si nous ſuivions ici le boulanger dans la conduite qu'il tient pour ſoigner le levain, nous le verrions tout le jour, épiant, preſque ſans diſcontinuer, ce qui s'y paſſe ; mais il ſeroit ridicule d'impoſer à la bonne Ménagère, la même gêne & le même travail, elle n'a pas comme lui, un intérêt marqué à la grande perfection de ſon pain, pourvu qu'il ſoit bien fabriqué, qu'il ait toutes les qualités requiſes, cela doit ſuffire ; ainſi loin de la gêner, nous avons cherché même à ne pas la déranger dans l'uſage des heures qu'elle a choiſies pour préparer ſon levain, pétrir ſa pâte & cuire ſon pain.

La veille où l'on doit cuire, on prendra le levain de la dernière fournée, que l'on délayera le ſoir avant que de ſe coucher, dans le tiers de farine deſtinée à être employée en pain avec l'eau froide ; on formera du tout une pâte ferme, qu'on laiſſera toute la nuit dans le bout de la huche ou du pétrin, entourée de farine qu'on élèvera & que l'on foulera afin qu'elle ait plus de ſolidité, & qu'elle contienne mieux le levain dans ſes limites.

Si la bonne Ménagère étoit curieuſe d'avoir encore un pain plus léger, plus blanc & plus

parfait, elle pourroit, au lieu de commencer à
faire pétrir sa pâte à six heures du matin, différer
jusqu'à neuf heures, & délayer son levain de la
même manière que la veille, en tenant cependant
sa pâte plus douce, moins ferme; il n'y auroit que
du retard, avec l'avantage d'avoir un pain plus
savoureux, sans augmentation d'embarras ni de
dépense. Dans la fabrication du pain, on ne
peut pas établir de règles fixes & invariables;
il n'y a rien qui soit plus assujetti aux vicissitudes
des saisons, que la pâte qui fermente dans les
grands froids. Il faut employer pour le levain
de l'eau un peu chauffée, mettre ce levain dans
une corbeille bien couverte auprès du feu : voilà
pour l'hiver. En été, dans les grandes chaleurs,
on fait ce levain avec l'eau froide, que l'on met
également dans une corbeille, & que l'on expose
ensuite à la cave ou dans un lieu très-frais.

En préparant le levain comme je viens de
l'indiquer, jamais il n'est aigre, mat, déchiré
& coulant. L'état ferme que je lui donne, l'eau
froide avec lequel il est formé, la quantité de
farine qu'on y emploie, l'espèce de muraille
établie tout autour, sont tout autant d'obstacles que j'oppose au travail trop prompt de
la fermentation, & à l'apprêt du levain qui en
est la suite ; j'en ralentis pour ainsi dire l'effet,

& j'opère par ce moyen en fept à huit heures, ce qui arriveroit en trois heures avec l'eau tiède ou chaude, une pâte molle & moins de farine.

La bonne Ménagère, perfuadée que le levain le plus aigre eft le meilleur à employer, parce qu'elle prétend qu'il a plus de force, accourt chez le boulanger, quand elle a oublié de mettre en réferve une portion de la pâte de fa dernière fournée, demande un morceau de levain le plus vieux; mais combien elle fe trompe! la pâte qui eft affez levée pour être enfournée lui conviendroit infiniment mieux, que le levain aigre & paffé qui fait l'objet de fes vœux; les boulangers ont beau lui dire ce proverbe fi commun parmi eux : *Vieilles remouillures & jeunes levains donnent de bon pain*, elle eft indocile à leur voix, & n'écoute que celle du préjugé qui la maîtrife dans ce moment.

En fuppofant que le levain fe trouve paffé, malgré les précautions que je recommande, foit parce qu'il feroit furvenu quelqu'orage pendant la nuit, ou quelqu'autre circonftance imprévue, alors on pourroit fuivre ce que j'ai dit, rafraîchir ce levain avec la moitié de fon poids de farine, de l'eau froide ou tiède, & l'employer trois heures après.

On dit & on répète, fans avoir fait aucun

essai, que quand le levain est très-vieux & qu'il a beaucoup d'aigreur, il n'est plus propre à faire lever la pâte ; mais rien n'est plus ridicule, & j'ose même assurer qu'en cet état, pourvu qu'il ne soit pas moisi & passé à la putréfaction, le levain peut être rappelé au meilleur état possible, en observant les précautions que nous venons de recommander, c'est-à-dire, en y mêlant la farine, l'eau froide, & en le renouvelant encore une fois, comme fait à peu-près le boulanger, pour raccommoder son levain lorsqu'il a perdu son apprêt.

Terminons donc par prier avec instance la bonne Ménagère, de ne pas se mettre en œuvre pour pétrir sa pâte, qu'elle n'ait auparavant bien examiné l'état où se trouve le levain qu'elle doit employer : s'il n'est pas bien bouffant, crénelé, d'une odeur vineuse, qu'il soit au contraire aplati, crevassé & aigre, il faut absolument qu'elle le renouvelle ; c'est l'affaire de trois heures pour avoir un pain meilleur, plus blanc, & j'ose assurer plus salubre.

De l'usage du Son dans le Pétrissage de la pâte.

CE n'est pas une économie de faire entrer tout le son en substance dans la composition du pain ; non-feulement parce qu'il ne nourrit pas par lui-même, mais encore à caufe des obftacles qu'il apporte néceffairement à la bonne fabrication du pain : il a encore un autre défaut capital, c'eft d'exciter l'appétit, & de paffer en entier tel qu'on l'a pris, fans être digéré ; en forte qu'il eft prouvé qu'une livre de pain, dans la compofition duquel il n'y a pas de fon, fubftante davantage qu'une livre & un quart avec du fon.

Cette obfervation, confirmée par un très-grand nombre d'expériences, & faite par des Entrepreneurs qui avoient beaucoup de monde à nourrir, leur a fait préférer de diftribuer aux ouvriers un pain moins bis & en moindre quantité; ce changement a réuffi fingulièrement bien.

Tous les jours on dit qu'un pain ferré, groffier & bis, nourrit davantage parce qu'il tient plus long-temps dans l'eftomac; mais c'eft précifément le contraire : plus un pain a de volume, plus il doit occuper l'eftomac, qui par fa capacité a befoin d'être rempli; or le fon eft un moyen d'empêcher le volume du pain, & par conféquent il fait perdre à cet aliment une partie de fes effets nutritifs loin de les augmenter. La méthode de laiffer la totalité du fon dans la compofition du pain, entraîne après elle encore d'autres inconvéniens : le fon aide beaucoup à la fermentation de la farine avec laquelle il se trouve mêlé, & il la fait bientôt gâter, si on n'a pas la précaution de la remuer souvent, premier inconvénient. Dans le pétrissage, le son toujours grossier, toujours étranger à la farine, empêche l'eau de s'incorporer dans cette dernière, d'une manière aussi intime, aussi uniforme, d'où il résulte une pâte inégale, second inconvénient. Les levains dans lesquels il entre du son, sont toujours très-aigres ; ils perdent trop promptement l'état vineux qui leur est nécessaire pour donner un bon apprêt à la pâte, troisième inconvénient. Le pain qui contient trop de son, ne peut perdre son humidité au four, il reste presque toujours mat ou gras, ce qui en accélère la moisissure, quatrième inconvénient.

Tous ces inconvéniens, & beaucoup d'autres qu'il seroit superflu de rapporter ici, ont été bien sentis par le Gouvernement, qui vient d'ordonner la séparation de vingt livres de son par sac du poids de deux cents livres de grain, qu'on emploie à la fabrication du pain de munition. Les Soldats béniront à jamais la mémoire du Ministre éclairé, qui a déterminé le Prince bienfaisant à accorder à ses troupes une meilleure nourriture.

C'est donc une fausse économie, que de faire entrer, pour ne rien perdre, tout le son dans le pain, puifqu'indépendamment des effets dont nous parlons, il n'en réfulte qu'un aliment défagréable; ainfi il vaudroit mieux en engraiffer les beftiaux, que de l'employer à la fabrication du pain. Il eft cependant un moyen, pour ne rien perdre, de retirer du fon tout ce qu'il peut procurer au pain, en féparant le peu de farine qu'il contient encore à la faveur de l'eau, fans employer le feu : à la vérité, la mouture économique ne donne que des fons parfaitement épuifés; mais en revanche ceux qui proviennent d'autres moutures, fe trouvent chargés encore d'une excellente farine, capable de donner au pain plus de faveur, & une augmentation de poids confidérable : voici de quelle manière.

On mettra le foir, la veille de la cuiffon, le fon à tremper dans l'eau, qui pendant la nuit pénétrera toute l'écorce, détachera infenfiblement la matière farineufe, & généralement tout ce qu'elle peut avoir de nourriffant : le lendemain matin on remuera le fon, que l'on preffera entre les mains pour achever la féparation de la farine & ne laiffer que le bois : on paffera l'eau ainfi chargée à travers une toile forte ou un tamis de crin, & elle pourra fervir au pétriffage de la pâte.

Cette méthode de féparer par le lavage la

farine qui adhère obſtinément au ſon, malgré les efforts du meunier & l'exactitude de la blu-terie, ne peut être comparée à celle qui a été tant vantée, & qui conſiſte à faire bouillir le ſon dans l'eau, pour en employer la décoction au pétriſſage de la pâte; le pain fabriqué qui réſulte de la première méthode a meilleur goût, eſt mieux levé & plus abondant; d'ailleurs, le ſon qui a macéré dans l'eau froide peut reſſervir encore étant mélangé avec du ſon pur, pour les beſtiaux qu'il faut remplir ou raſſaſier encore plus que nourrir.

Mais je prie la bonne Ménagère de me par-donner ſi je reviens quelquefois ſur le même objet, mon motif auprès d'elle eſt mon excuſe : je n'ai d'autre envie que de ſeconder ſes vues. Tout le ſon dans le pain augmente la maſſe & diminue le volume : l'expérience prouve que plus un pain a d'étendue, plus auſſi il eſt ſavoureux, ſalubre, nourriſſant & économique. Que puis-je rapporter de plus pour déterminer à n'employer le ſon que comme je viens de l'indiquer !

De la Levure & du Sel.

L A levure & le ſel ne ſont pas employés par-tout dans la fabrication du pain : il y a même tout lieu de préſumer que leur uſage eſt

rarement utile & jamais indifpenfable, particulièrement lorfque les grains dont on fe fert font
parfaits, & que la faifon qui les a produits a été
favorable : voici fur quoi je me crois fondé.

Dans quelques endroits où l'on braffe, &
où par conféquent la levure eft commune, elle
eft le feul levain qu'on emploie pour faire le
pain blanc : alors le peu qu'on y en met eft
toujours trop, la pâte s'apprête très-promptement
fi elle a paffé fon point, elle s'aplatit & ne
bouffe plus au four ; d'ailleurs le pain qui en
réfulte, quand bien même il ne lui feroit arrivé
aucun accident pendant la fermentation, qu'il
auroit été enfourné à fon vrai point & cuit à
propos, ce pain, dis-je, ne fauroit être comparé
à celui préparé avec du levain au lieu de levure :
s'il eft bon le premier jour, le lendemain & le
fur-lendemain il eft fec, gris, d'une faveur
amère & très-fouvent défagréable.

La levure employée en moindre quantité,
& concurremment avec le levain, ne produit
pas d'auffi mauvais effets ; mais auffi le pain
eft moins favoureux que s'il étoit fait fans
levure. Le levain foutient la pâte, la levure
au contraire la relâche : fi cette dernière eft
quelquefois néceffaire, ce n'eft que dans les
grands froids où la fermentation a befoin d'être

aidée ; alors un peu de levure réuſſit aſſez bien ; on la délaye, non pas comme on le conſeille dans les levains, mais dans l'eau tiède, tout en *baſſinant* la pâte : autrement, je le répète, la levure n'eſt pas eſſentielle dans le pain, & on peut ſans riſques s'épargner cette dépenſe qui eſt ſuperflue.

Il eſt des provinces où l'on ne fait pas de pain, de quelqu'eſpèce qu'il ſoit, ſans y introduire en même temps du ſel, & il eſt rare qu'il n'y en ait pas toujours trop, au point ſouvent que la ſaveur naturelle & agréable de cet aliment n'eſt plus du tout ſenſible.

C'eſt particulièrement vers le Midi que l'uſage de mettre du ſel dans le pain eſt adopté & ſuivi ; cependant les blés de ces contrées ſont ceux qui ont le moins beſoin de cet aſſaiſonnement : ils portent avec eux une ſaveur infiniment préférable à celle du ſel, qui n'augmente pas autant qu'on l'aſſure la quantité & la qualité du pain qu'on en prépare.

Il eſt vrai que ſi les blés récoltés dans des pays chauds & dans des ſaiſons ſèches, peuvent très-bien ſe paſſer de ſel ; il faut convenir que ceux qui proviennent de pays froids & d'années humides, doivent gagner par cette addition, parce que leurs farines ont moins de ſaveur, &

qu'elles donnent une pâte qui n'a pas de soutien :
or le fel remédiera à ces deux inconvéniens ;
mais il faut en proportionner la dofe, afin que
le bon goût du pain fe trouve plutôt développé
que mafqué & détruit par l'âcreté du fel quand
il s'y trouve par furabondance : cette dofe eft
à peu-près une demi-livre par quintal de farine,
réfultante des blés des provinces feptentrionales.

Du Pétrin.

JUSQU'À préfent il n'a pas encore été
queftion des uftenfiles ufités & néceffaires pour la
fabrication du pain ; nous avons fuppofé que la
bonne Ménagère connoiffoit, ou étoit à portée
de connoître ceux qui font les plus commodes
& les plus indifpenfables à cet objet ; mais il y
en a deux que l'on doit regarder comme les
plus effentiels, & dont la forme peut influer
fur le fuccès de tout l'ouvrage ; c'eft le pétrin
& le four, il eft bon d'en dire deux mots.

Le pétrin, connu encore fous les noms de
maie & de *huche*, eft une auge de bois ou coffre
long, plus étroit dans fa partie inférieure qu'à
fon ouverture, fait du bois le plus dur qu'on
puiffe trouver ; mais ce pétrin a l'inconvénient de
permettre à l'eau de féjourner dans les angles,
& de pénétrer enfuite à travers. Combien de

fois n'a-t-on pas vu le levain délayé s'échapper au moment du pétriſſage! il convient, pour y remédier, de garnir ces angles de farine entaſſée, avant d'y verſer l'eau deſtinée à faire la pâte.

Une forme plus commode de pétrin, & que l'on doit préférer à celle du carré long, c'eſt le pétrin qui reſſemble à peu-près à un tonneau qu'on auroit coupé dans toute ſa longueur; on y remue plus aiſément la pâte, elle s'y trouve plus ramaſſée & diſpoſée à faciliter les bras du pétriſſeur : on nétoye d'ailleurs beaucoup mieux ce meuble, ce qui eſt un grand avantage, car on ne ſauroit entretenir le pétrin dans une trop grande propreté.

Il eſt inutile de donner ici les proportions que doit avoit le pétrin, puiſqu'elles ſont réglées ſur la quantité de pain qu'on a à fabriquer : il faut toujours qu'il ſoit beaucoup plus long que large & profond, parce que celui qui travaille la pâte a plus de moyens de la retourner, & de donner les différens mouvemens qui ſont né-ceſſaires pour qu'elle devienne unie, légère & bien longue.

Il faut que le pétrin ſoit placé dans un lieu fort clair, qui ne ſoit ni trop chaud ni trop froid, & ſitué favorablement pour le pétriſſeur, afin qu'il puiſſe y voir & travailler à l'aiſe :

s'il

s'il eft fous une fenêtre, on l'ouvrira en été afin de tempérer la fermentation ; on la fermera au contraire en hiver, pour garantir le levain & la pâte des impreffions de l'air : il faut encore que le couvercle joigne exactement, & qu'il n'y ait pas dans le voifinage du pétrin, d'égout ou de matières en putréfaction.

Du Four.

TOUT le monde croit connoître la véritable forme du four ; mais la plupart de ceux qui fe mêlent d'en conftruire, manquent prefque toujours du côté des proportions qu'il doit avoir : il eft ordinairement plus grand qu'il ne faut, & la chapelle ou voûte qui couvre l'âtre eft trop haute ; en forte que rien n'eft plus rare que de rencontrer chez une bonne Ménagère un four bien fait.

Il conviendroit que le four fût toujours à couvert & près de la cheminée, pour y pouvoir entretenir la chaleur & confommer moins de bois : fa forme eft fouvent déterminée par la fituation du lieu où il fe trouve placé ; mais elle eft affez communément ovale.

On fait l'âtre du four avec de la terre glaife, ou du carreau, ou des briques, ou du grès ;

c'eſt ſelon les reſſources que l'on a. Le grès eſt préférable en ce qu'il garde plus long-temps la chaleur, & que les briques s'échauffent & ſe refroidiſſent trop promptement, ce qui brûle le pain ſans le cuire : voici à peu-près les dimenſions que devroit avoir le four d'une maiſon particulière.

Sur une voûte conſtruite ſolidement en briques ou en moellons, on placera l'âtre du four, qui doit être pavé & très-plane : on donnera à l'âtre une ſurface de cinq pieds environ de longueur, ſur quatre pieds dans ſa plus grande largeur ; la plus grande élévation du dôme ou chapelle au-deſſus de l'âtre ſeroit d'un pied à un pied & demi, environnant de toutes parts le foyer, à l'exception de la partie antérieure où l'on pratiquera une ouverture, nommée la *bouche du four*, aſſez grande pour laiſſer introduire le pain : cette bouche ſeroit garnie d'une porte de fer, comme celle d'un poële, bien adaptée, que l'on pourroit ouvrir & fermer à volonté, pour que la chaleur ne puiſſe pas ſe perdre, & que le pain placé à l'entrée puiſſe y cuire comme celui qui occupe le fond.

En pratiquant au-deſſus du four une eſpèce de chambre, & tenant le deſſous de la voûte fort propre, la bonne Ménagère pourroit retirer de ces deux endroits une très-grande utilité ; fur le haut, elle fécheroit fon grain quand il feroit humide ou trop nouveau, dans le bas elle expoferoit, en hiver, le levain & la pâte qui s'apprêtent difficilement.

M. de Puimarets, ce citoyen auffi éclairé qu'il eft refpectable, ayant appris que l'hôpital général de Brives, qui lui a les plus grandes obligations, donnoit à moudre les feigles, très-humides & gras fous la meule ; il fit égalifer & carreler en briques le deffus du four, & élever fes murailles de fix pieds de haut, en prolongeant les *ouras* du four dans cette chambre, par le moyen des tuyaux de poèles, & de cette manière il procura une excellente étuve économique.

Du Pétriffage.

DU moment que le levain a été dépofé au bout du pétrin, au milieu d'une *fontaine*, ou bien placé dans une corbeille, fuivant la faifon, c'eft-à-dire, couverte & près du feu quand il fait froid, & dans un endroit frais en été ; il faut avoir l'attention, dès qu'il a acquis les caractères effentiels que nous lui avons affigné pour être employé, de ne pas le toucher, fans quoi on eft expofé à ne pas recueillir le fruit des foins qu'on a pris à ce fujet.

D ij

Si le levain , pendant qu'il parvient à son apprêt, n'étoit pas couvert, qu'il fût exposé aux infultes des enfans, des animaux domeftiques, à des mouvemens brufques & violens, à des exhalaifons fétides : la fermentation alors feroit bientôt interrompue ou trop accélérée ; il s'échapperoit du dedans un principe fpiritueux, invifible, mais odorant ; le levain s'affaifferoit, fe creveroit, il pafferoit en un clin-d'œil à l'aigre, & ne donneroit, étant ainfi employé, qu'un pain de mauvaife qualité : il vaudroit mieux alors fe déterminer à recommencer fon levain, c'eft-à-dire, à le rafraîchir avec l'eau froide & de la farine, plutôt que de rifquer une fournée entière.

Mais nous voici arrivés à l'inftant de faire la pâte. La farine eft déjà dans le pétrin avec le levain, il ne s'agit plus que de les mêler enfemble, par le moyen de l'eau froide, tiède ou chaude, & de travailler le tout vivement, fortement & à propos.

Je fuppofe que le levain eft au point où il faut qu'il foit pour produire le meilleur effet : s'il n'a pas été mis en fontaine on en fait une, & on le met doucement, fans le rompre, fur une partie de l'eau ; on délaye très-promptement & très-exactement le levain, afin que l'eau s'empare de l'efprit qu'il contient, l'empêche de fe diffiper, & qu'il ne refte aucuns grumeaux. Quand le levain eft fuffifamment délayé, on y ajoute le reftant de l'eau, qui doit être froide en été, pour rafraîchir le mélange échauffé par l'action des mains & de l'air; chaude en l'hiver, au contraire, pour produire un effet oppofé.

Le levain étant fuffifamment délayé, & pour ainfi dire dans l'état liquide, on a l'attention de rompre la *fontaine,* afin que tout le liquide fe répande & foit arrêté par l'autre partie de farine deftinée à être convertie en pain; alors commence le pétriffage.

On ramaffe le tout enfemble, afin qu'il en réfulte une maffe uniforme, que l'on manie bien en la portant de gauche à droite & de droite à gauche, la foulevant & la découpant, la divifant avec les mains ouvertes, & non en y enfonçant les poings fermés, en pinçant & en arrachant la pâte avec les doigts pliés & les pouces alongés; c'eft ce qu'on nomme *frafer.*

Cette pâte eft encore molle, un peu groffière & inégale; on la travaille de nouveau & de la même manière, ayant l'attention chaque fois de ratiffer le pétrin, d'introduire enfuite dans la maffe, avec un peu d'eau, la pâte qu'on en a détachée : la pâte eft alors plus uniforme & plus ferme ; cette feconde opération s'appelle *contre-fraſer.*

Si l'on veut terminer le pétriſſage d'une manière plus complète, il faut faire un enfoncement dans la pâte ainſi *fraſée* & *contre-fraſée*, y verſer de l'eau froide ou tiède. Cette eau, ajoutée après coup & incorporée à force de travail dans la pâte, achève de diviſer & de confondre les parties les plus groſſières de la farine, & par le mouvement continu, vif & prompt, forme du nouvel air qui rend la pâte plus tenace, plus longue, plus égale, plus légère, ce qui produit un pain plus ſavoureux, plus perſillé & plus blanc ; c'eſt ce qu'on appelle le *baſſinage* de la pâte. Ce troiſième travail ne devroit jamais être négligé, il coûte peu de peine & vaut beaucoup.

Pour ajouter encore à la perfection que le baſſinage donne à la pâte, on la bat en la preſſant par les bords, en la pliant ſur elle-même, en la preſſant, l'étendant, la découpant avec les deux mains fermées & la laiſſant tomber avec effort.

La pâte étant travaillée convenablement, on la retire du pétrin par parties, en la découpant & la battant encore à meſure qu'on la met en maſſe ſur le tour où elle reſte une demi-heure afin qu'elle conferve fa chaleur & entre en levain, il faut la tourner & la divifer au contraire fur le champ lorfqu'il fait chaud.

Le pétriffage fini & la pâte fur le tour, on ratiffe le pétrin pour faire avec les ratiffures le levain de la cuiffon prochaine, on y ajoute le double de farine & de l'eau froide pour former une pâte ferme qu'on laiffe dans le lieu le plus frais de la maifon ; on ne fauroit trop blâmer la mauvaife habitude dans laquelle on eft d'a-bandonner la pâte à elle-même fans être con-tenue dans un vaiffeau quelconque, parce qu'au lieu de s'élever elle s'étend plutôt, ce qui fait un apprêt défectueux ; ainfi il convient de mettre la pâte dans des paniers ou des corbeilles d'ofier qu'on faupoudre avec du petit fon ou de la farine, de peur que la pâte ne s'attache au fond ; on expofe ces paniers à l'air libre dans les temps chauds, & il faut les envelopper de couvertures & les tenir chaudement quand il fait froid.

Dans tous les temps la pâte eft comme le levain, elle demande un certain degré de cha-leur intérieurement & à l'extérieur pour s'ap-prêter doucement, lentement & par degrés, en forte qu'il eft effentiel, quand on eft obligé d'accélérer ou de tempérer la fermentation, de tâcher que les moyens oppofés qu'on emploie produifent toujours à-peu-près le même effet, c'eft-à-dire que la pâte demeure le même temps en été & en hiver. Mais ne ceffons de le répéter, parce que cela eft auffi effentiel que la préparation du levain, il faut éviter d'enfoncer les poings dans la pâte & de la fouler à force de bras (ainfi que cela fe pratique dans les campagnes & même dans la plupart des villes); on doit, au contraire, prendre la pâte par portions en l'alongeant, la foulevant, la ferrant dans les mains, en la raffemblant & la battant avec force.

Il faut encore employer fuffifamment d'eau dans le pétriffage, afin que le levain foit bien délayé & que la pâte ne foit pas trop ferme, autrement le pain feroit maffif, lourd & peu profitant; l'eau ajoutée à la pâte devient nourriffante, & c'eft un bénéfice pour la bonne Ménagère qui économifera un peu de farine & nourrira également bien fon monde; après le pétriffage de la pâte, il eft naturel de paffer à la cuiffon du pain.

De la Cuiffon du pain.

LORSQUE le levain a été pris dans fon vrai point, que le pétriffage a été bien fait, que la pâte a été tournée, diftribuée dans des paniers de différentes grandeurs , enveloppée de toiles ou de couvertures , il faut fonger à allumer le four, parce que le temps néceffaire pour le chauffer au degré convenable eft à-peu-près celui que la pâte exige pour fon apprêt.

On fe fervira, pour chauffer le four, de toutes les matières combuftibles que le territoire fournit, en évitant d'employer les bois peints, à caufe du danger dont eft pour le pain la couleur qui les recouvre ; on ne fe fervira pas non plus de paille, parce que c'eft une perte pour l'engrais des terres, que ce chauffage en outre n'a pas affez de force.

Le four dans lequel on ne cuit pas tous les jours, demande davantage de bois & plus de temps pour le chauffer , c'eft ordinairement environ deux heures, d'ailleurs ce terme doit être relatif à la quantité du bois dont on fe fert, à la grandeur du four, à la groffeur & à l'efpèce de pain qu'on veut cuire.

On ne peut pas toujours concilier le moment où la pâte fera prête avec celui où le four aura affez de chaleur, puifque cela dépend encore d'une infinité de circonftances que l'expérience raifonnée faura prévoir. Il vaut mieux que ce foit le four qui attende après la pâte , parce qu'on l'entretient chaud avec peu de foin, au lieu qu'il faut recommencer l'autre quand il a paffé fon apprêt.

Le four doit être chauffé également & à propos, s'il l'eft trop, le deffous du pain brûle & le dedans ne cuit point : quand il ne l'eft pas fuffifamment, il s'aplatit plutôt que de lever, il demeure mat, gras & pâteux ; il eft donc important de faifir le point fixe du four.

Chacun a fa manière de connoître la chaleur du four. Les uns jettent à l'entrée une pincée de farine, fi elle rouffit fur le champ, la chaleur eft au point convenable ; fi elle noircit, il eft trop chaud ; enfin fi elle conferve fa couleur, le four n'eft pas fuffifamment chauffé : les autres frottent l'âtre ou la voûte avec un bâton, s'il en fort des étincelles, c'eft figne que le four eft au point qu'il faut ; mais l'habitude, quand elle n'eft pas aveugle, en apprend plus que ces moyens, fouvent fort équivoques. On connoît bientôt fon four lorfqu'on l'a gouverné plufieurs fois.

Quand on eft affuré que le four eft chaud également par - tout, on ôte les tifons, on arrange la braife à côté de la bouche du four, & on nettoie bien l'intérieur avec l'écouvillon, au bout duquel font plufieurs linges mouillés & tords.

On doit faire attention de prendre la pâte comme le levain, c'eft-à-dire à fon point, plutôt moins que trop ; pour peu qu'on ait d'expérience à faire du pain , on s'aperçoit bientôt à la vue quand la pâte eft affez levée, lorfqu'elle a acquis un volume affez confidérable , qu'elle réfifte aux doigts qui la preffent fans fe rompre à la furface ; l'ufage des paniers deviendroit un indice affuré , parce que la pâte parvenue à fon apprêt feroit reconnue à une hauteur marquée.

Dès que le four eft bien nettoyé & que la pâte a atteint le degré qu'on fouhaite, on l'enfourne promptement en renverfant la pâte des paniers fur la pelle faupoudrée de petit fon, afin que le deffus fe trouve en deffous ; on garnit d'abord le fond du four des plus gros pains, on les arrange avec adreffe les uns à côté des autres fans qu'ils fe touchent : lorfque tout eft enfourné, on ferme la bouche du four, & on la laiffe quelquefois ouverte lorfqu'il eft trop chaud, afin que le pain cuife fans brûler.

Les pains demeurent dans le four le temps proportionné à leur volume & à leur efpèce. Plus le pain eft blanc, moins il eft long à cuire ;

c'eſt environ une heure & demie pour la pâte la plus ferme, & la moitié pour celle qui eſt la plus légère. On ne devroit jamais faire de trop grands pains, ils ſe forment & ſe cuiſent mal : on s'aperçoit que le pain eſt cuit, quand en frappant deſſus du bout du doigt, il raiſonne avec force, & lorſqu'à la baiſure, la mie preſſée, revient comme un reſſort.

En ôtant les pains du four, il faut les ranger à côté les uns des autres, & ne pas les renfermer qu'ils ne ſoient reſſués & parfaitement refroidis ; car depuis l'inſtant que la pâte eſt miſe au four, juſqu'à ce que le pain qui en réſulte ſoit parfaitement refroidi, elle exhale ſans diſcontinuer une partie de l'eau avec laquelle on l'a pétrie.

Le pain eſt un objet trop précieux à la ſanté, & trop avantageux, parmi les agrémens de la vie, pour dédaigner les moyens ſimples & peu diſpendieux de le mieux fabriquer ; ce n'eſt pas par ſa croûte que l'on peut juger toujours de ſa qualité, il faut examiner l'intérieur, ſi la mie eſt ſèche, ſpongieuſe, parſemée de trous égaux entr'eux, & ayant un goût de noiſette ; ſi en le coupant elle eſt liſſe, c'eſt une preuve qu'il eſt bon & bien fait ; mais ce n'eſt pas au ſortir du four qu'il faut s'en affurer , on doit attendre qu'il foit parfaitement refroidi.

J'en refterois-là fi le blé étoit le feul grain dont on fît du pain ; mais comme le feigle , l'orge, le blé de Turquie, le farrafin & la pomme de terre , font également réduits fous cette forme , & qu'ils font la nourriture principale d'un tiers des habitans du Royaume , je ne faurois me difpenfer de traiter en abrégé de chacune de ces farines.

Du Seigle.

LE feigle eft, après le froment, le grain dont on fait le plus d'ufage en Europe, & qui fournit le meilleur pain.

Il y a des feigles de première, de feconde, de troifième qualité : on cultive également des feigles d'hiver & de mars ; on en retire au moulin plufieurs efpèces de farines, foit par la mouture, foit par la bluterie. Les boulangers en font différens pains ; du pain blanc avec la plus belle farine, du pain de ménage en mêlant toutes les paffées ; enfin un troifième pain plus commun, dans lequel on n'introduit que les dernières farines, & que l'on peut comparer au pain bis du froment, fabriqué avec les farines dépouillées de la fleur & des gruaux.

Le seigle le plus estimé à Paris, est celui qui croît dans la Champagne, on doit le choisir clair, peu alongé, gros, sec & pesant; il se conserve mieux que le blé : les mêmes causes l'altèrent, & les mêmes moyens le garantissent; mais quand il est vicié il exhale une autre odeur.

Il est exrêmement essentiel avant de porter le seigle au moulin, qu'il soit plus sec que le froment, parce qu'il est naturellement plus humide; mais quand il a été recueilli sec, mûr & bien gardé un certain temps, on peut le moudre sans inconvéniens ; trop nouveau ou trop sec, il demande les mêmes précautions, parce qu'il produiroit encore plus d'inconvéniens.

Le seigle étant pointu, plus alongé & par conséquent plus sonneux que le blé, il rend moins de farine & plus de son : il faut tenir les meules plus rapprochées pour moudre ce grain, parce qu'il ne s'échauffe pas autant, & que d'ailleurs on ne fait ordinairement qu'un moulage.

La farine de seigle, parfaitement moulue & blutée, n'a pas l'œil jaune de celle du froment : la matière qui colore cette dernière n'y existe pas; elle est douce au toucher, d'un beau blanc, & exhale une odeur de violette qui la caractérise; si on en fait une boulette avec de l'eau, la pâte qui en résulte n'est pas longue & tenace comme celle du blé, elle eſt au contraire courte, graſſe, s'attache aux doigts mouillés, ne ſe durcit pas promptement à l'air.

Le ſeigle que l'on cultive preſque par-tout, eſt la nourriture principale des habitans des pays froids, où il eſt ordinairement meilleur que dans les pays chauds, plus avantageux à la végétation du blé : il croît cependant en abondance dans quelques - unes de nos provinces, dont il fait pareillement la nourriture fondamentale ; mais il s'en faut que le pain qu'on en prépare, ſoit également bien fabriqué dans les endroits où l'on en fait uſage ; ce qui tient aux mêmes vices que nous venons de démontrer à l'égard du pain de froment : moulage peu ſoigné, levain aigre & en trop petite quantité, eau trop chaude, mauvais pétriſſage, enfin cuiſſon imparfaite, tels ſont les défauts eſſentiels qui rendent la fabrication du pain de ſeigle défectueux, & qu'on peut corriger aiſément, en ſe ſervant des mêmes moyens preſcrits pour faire avec le blé le plus médiocre un bon pain ; il eſt vrai que le ſeigle ayant quelques propriétés différentes du blé, les procédés qu'on doit ſuivre pour ſa fabri- cation doivent auſſi varier un peu ; mais les principes ſont les mêmes.

Pour faire le levain de ſeigle, on prendra

la pâte aigrie de la dernière fournée, qu'on délayera le soir, avant de se coucher, avec de l'eau & la moitié de la farine destinée à être employée pour le pain, au lieu du tiers comme pour le levain du froment : on fait la pâte plus ferme. On dépose ainsi le levain, entouré de farine, au milieu d'une *fontaine*, ou bien dans des corbeilles placées suivant que la saison l'exigera : le lendemain matin on le trouvera parfaitement levé. On pourra également rafraîchir ce levain, si on est curieux d'avoir un pain plus levé & plus délicat ; mais sur-tout qu'on ne l'emploie jamais qu'il n'ait les qualités requises, c'est-à-dire, crevassé, & qu'il exhale, non pas l'aigre, mais une odeur vineuse.

Pour délayer le levain de seigle, on agira de la même manière que pour celui de froment, avec cette attention seulement, que la pâte soit plus ferme d'abord, parce que le travail ne lui donne pas de consistance, & qu'ensuite elle relâche à l'apprêt ; par la même raison, on ne bassinera pas la pâte, on ne la travaillera pas autant, parce que la farine du seigle est plutôt combinée avec l'eau que celle de froment.

Quand la pâte est faite, on la tourne & on la distribue dans des paniers ; c'est ici sur-tout que les paniers & les corbeilles sont le plus

indispensables

indifpenfables pour contenir la pâte de toutes
parts, & favorifer la fermentation qui s'opère plus
difficilement que celle du froment.

Il convient de donner à la pâte de feigle
moins d'apprêt qu'à celle de froment, de l'expofer à l'air dans l'été, & couverte dans un lieu
chaud quand il fait froid : ce feroit fe tromper
que d'efpérer qu'elle lèvera & bouffera autant ;
on doit donc l'enfourner avant que la fermentation foit achevée, parce qu'au lieu de fe gonfler
au four, elle crévera infailliblement, & s'aplatira
à caufe de fon peu de vifcofité.

Le four doit être plus chauffé, pour que la
chaleur faififfe fur le champ la pâte de feigle ;
mais fi on veut que la cuiffon fe faffe & s'achève,
il faut laiffer la porte du four ouverte, afin que
le pain, qui autrement s'étendroit & s'affaifferoit
bientôt, comme je viens de le dire, fi le four
n'étoit pas affez chaud, puiffe fe reffuer dans
l'intérieur, ce qui exige un temps plus long : on
eft obligé de laiffer le pain de feigle davantage
au four que celui de froment.

Le pain de feigle tient le premier rang après
le pain de froment ; il a même un avantage que
n'a pas ce dernier, c'eft qu'il refte frais long-
temps, fans prefque rien perdre de l'agrément
qu'il a dans fa nouveauté, avantage précieux

pour les habitans de la campagne, qui n'ont pas le temps de cuire souvent : ce pain est assez savoureux pour n'avoir pas besoin de sel, son goût est agréable, & porte avec lui un parfum qui ne déplaît à personne.

Quels que soient nos soins dans la culture du seigle, quelques recherches que nous fassions dans les moyens d'en préparer un bon pain, jamais cet aliment ne sera aussi léger ni aussi bon que celui qu'on obtient du froment : ce qui donne le principe de cette supériorité, n'existe pas dans le seigle, ainsi que dans les autres grains farineux ; mais il ne faut pas, par rapport à cette différence, croire que le pain de seigle soit lourd comme l'on dit, qu'il ne convient qu'aux estomacs vigoureux ; sans doute quand il est dans l'état mat & gras, mais lorsqu'il est bien fabriqué, il se digère aussi aisément que le pain de froment.

Du Méteil.

NOUS avons déjà examiné le froment & le seigle chacun à part ; l'un & l'autre ont des caractères particuliers qui les distinguent entre eux, & quelques propriétés communes qui les rapprochent, en sorte que mélangés, leurs effets doivent se confondre & ne former qu'un bon tout ; c'eſt ce qui arrive dans l'aſſortiment des farines de la même eſpèce.

Le méteil eſt, comme l'on ſait, le mélange du froment & du ſeigle, ſemé & récolté enſemble dans des proportions différentes, ce qui a donné lieu à des dénominations connues ſous l'épithète de *méteil, gros méteil, petit méteil* & *blé ramé.*

Quoique les ſentimens ſoient encore partagés ſur les avantages ou les déſavantages de la culture du méteil, comme les cultivateurs, en attendant que le procès ſe juge, continuent de l'enſe-mencer, de le recueillir & de le faire ſervir à leur nourriture, je dois, ſans m'occuper de la queſtion, parler des moyens d'en préparer un bon pain.

Le méteil donne une farine moins jaunâtre que celle du froment non mélangé ; mais auſſi elle a un autre aſpect & un goût différent : la préſence du ſeigle dans cette farine, quand bien même ce grain ne s'y trouveroit que pour un huitième, comme dans ce qu'on nomme *blé ramé,* ſe décèle à l'odeur de violette qu'elle lui communique, à l'état gras de la pâte, & à la ſaveur du pain.

Les bonnes Ménagères des villes & des cam-pagnes, mettent quelquefois, par goût, par économie ou par habitude, un peu de ſeigle dans leur pain : sans avoir récolté de méteil, elles font moudre & bluter à part le seigle & le froment, en différentes proportions, ensuite elles ne mêlent les deux farines qui en résultent, qu'au moment où elles veulent les employer : cette opération est facile, il y a même du profit à ne la pas négliger ; mais il faut la faire vingt-quatre heures avant la cuisson du pain.

Les procédés que nous avons exposés concernant la fabrication du pain de froment, doivent être les mêmes que ceux qu'il faut employer pour le pain de méteil, en général pour tous les farineux qu'on peut réduire sous cette forme ; ainsi, quiconque sera bien au fait de la bonne préparation du pain, parviendra à faire tous les pains possibles des différens grains & de leur mélange : il y a seulement des différences légères à observer dans les manipulations, que l'habitude éclairée & dirigée, ne tarde pas à apprendre.

Quand le levain a été composé, suivant les précautions dont il a été question à l'article de la préparation du levain du froment, on le délaye de la même manière le soir avant de se coucher : le lendemain matin on pétrit avec force & vivacité, en soulevant la masse, la découpant, la retournant sans l'entasser avec les poings, ainsi qu'on a coutume de le faire dans l'opération générale du pétrissage.

La pâte formée avec la farine de méteil, n'a jamais la longueur & la viscosité de celle de froment, parce que le seigle qui y entre dans des proportions variées, affoiblit & partage cette qualité que le froment possède à un si grand degré; mais plus il y aura de ce dernier dans le méteil, plus il faudra employer de levain, tiédir l'eau, pétrir long-temps la pâte, la rendre ferme, lui laisser moins prendre d'apprêt, l'enfourner plus tôt, chauffer davantage le four & l'y tenir plus long-temps. On sent fort bien que le méteil est d'autant meilleur que le blé y domine; mais contenant tantôt plus de seigle que de froment, & tantôt plus de ce dernier que du premier, ce mélange doit produire des effets différens dans la mouture, dans le produit des farines, & dans les résultats en pain. On peut dire cependant que le méteil, pour les habitans des villes, sera toujours celui qui contiendra un tiers de seigle sur deux de froment, & que le méteil des habitans des campagnes, sera partie égale de ces deux grains, dont on aura séparé, comme cela a lieu presque par-tout, le gros & le petit son.

Le pain de blé-méteil, tient le milieu entre

le pain de froment & celui de seigle ; il est bon, savoureux, très - nourrissant. Je pourrois bien entrer dans d'autres détails sur les avantages infinis de cette composition de pain, qui participe des deux grains les plus précieux pour les Européens ; mais je me suis déjà assez étendu : passons à l'orge.

De l'Orge.

L'ORGE, ce grain si vanté dans l'antiquité, est plus employé aujourd'hui dans la préparation de la bière & de l'eau - de - vie de grains, ou pour la nourriture des bestiaux, que dans la fabrication du pain.

L'orge mondé de sa première enveloppe, ressemble à peu - près, pour la couleur & la forme, au blé de mars : le meilleur est dur, sec, pesant, se cassant difficilement sous la dent, & présentant dans son intérieur, une farine assez blanche & serrée.

La farine de l'orge est presque toujours défectueuse, à cause de cette première enveloppe qui s'écrase un peu au moulin ; elle est sèche & rude au toucher, ayant un œil rougeâtre : si on en fait une boulette avec de l'eau, elle exhale l'odeur de celle faite de froment, mais elle n'en a ni la longueur, ni la tenacité : en étendant cette pâte, on remarque qu'elle eſt encore plus courte que celle du ſeigle.

Il eſt facile de juger, d'après les effets pré-liminaires que nous venons de rapporter ſur l'orge, combien ce grain eſt peu ſuſceptible de donner un pain bien fermenté : j'obſerverai, en paſſant, que toutes les fois qu'une pâte farineuſe manque de liant & de viſcoſité, qu'elle abſorbe & retient peu d'eau dans ſes parties, il faut abſolument la manier & la retourner à force de bras & le plus long-temps qu'on pourra; ainſi l'art de bien pétrir, en pareil cas, eſt auſſi im-portant que l'emploi d'un bon levain : on peut parvenir, par ce moyen, à communiquer à la pâte une partie de ce liant & de cette viſcoſité qui font, pour ainſi dire, l'office de charpente dans le pain.

Comme la farine d'orge a la propriété de ſe durcir volontiers à l'air, étant miſe en boulettes avec de l'eau, il faut en premier lieu faire le levain bien ferme, dans la proportion de la moitié de la farine qu'on a deſſein de transformer en pain ; enſuite le baſſiner, c'eſt-à-dire, y ré-pandre de l'eau, afin d'unir davantage les parties les plus groſſières, de rendre le levain plus collant & plus diſpoſé à fermenter.

On ſuivra pour le pétriſſage de la pâte de

E iv

farine d'orge, la même conduite qu'on a tenue relativement à celle de seigle, au baffinage près, qu'il ne faudra pas manquer, fi on veut avoir un pain paffable : le baffinage & le travail ajoutent à l'effet du levain, à l'apprêt de la pâte ; quant à la cuiffon, le four a befoin d'être un peu moins chauffé, & on ne doit pas y laiffer le pain auffi long-temps.

Le froment & le feigle fourniffent chacun féparément du bon pain. Perfonne ne difconvient que l'un & l'autre de ces grains, mélangés avec l'orge, lui communiquent les propriétés dont il eft privé pour pouvoir produire un pain bien conditionné : c'eft encore ce que l'expérience juftifie continuellement ; mais rien ne paroît plus ridicule, que de fourrer dans un pain déjà mat par lui-même, de l'ers ou orobe, des vefces & autres femences légumineufes, qui concourent encore à augmenter la féchereffe & la pefanteur naturelles du pain d'orge, fans qu'il foit pour cela plus nourriffant ; il vaut infiniment mieux feul, & préparé tel que nous l'indiquons.

Le pain d'orge ordinaire eft toujours rougeâtre, fec, dur & caffant ; fa mie n'eft pas molle, ni fpongieufe ; il s'émiette aifément, & quelques heures après la cuiffon, à peine conferve-t-il cette qualité qui appartient à toute efpèce de pain, celle d'être tendre au fortir du four : quelque parfait qu'il foit, en obfervant les précautions que nous avons recommandées dans la fabrication, il faut convenir qu'il fera encore bien éloigné, pour la bonté, du pain de froment & de feigle.

Du Blé de Turquie.

On cultive le blé de Turquie dans quelques-unes de nos provinces, où on en prépare de la bouillie, des gâteaux & du pain. Les Peuples qui en font leur nourriture principale ne con-noiffent pas l'art de moudre, & par conféquent celui de faire du pain ; ils mangent ce grain fous la forme de gâteaux, entiers, verts & cuits comme des petits pois ; ils le concaffent dans des mortiers de pierre, & le réduifent fous une forme de galette.

Les grains de blé de Turquie font de la groffeur d'un pois, & récompenfent au centuple les foins qu'on donne à leur culture : on porte ce grain au moulin où on l'écrafe & on le blute, pour en féparer l'écorce ou le fon ; la farine qui en provient eft rude au toucher, jaunâtre & très favoureufe : voici le procédé particulier dont on fe fert dans le Béarn pour venir à bout d'en faire du pain.

On commence à faire bouillir une quantité
d'eau, proportionnée à la farine qu'on a deſſein
d'employer : dès qu'elle a acquis le degré d'é-
bullition, on met dans le pétrin toute la farine
qu'on deſtine à la cuite, on la diviſe en deux
portions ; c'eſt-à-dire, qu'on pratique dans le
milieu une rigole, dans laquelle on verſe une
ſuffiſante quantité d'eau bouillante, & comme
la chaleur de celle-ci ne permet pas de faire la
manœuvre avec la main, on ſe ſert d'une ſpatule
de bois, eſpèce de pelle avec laquelle on délaye
la farine, la remuant fort & long-temps, pour
en faire une pâte dure.

Quand le degré de chaleur permet de pétrir
cette pâte avec les mains, on fait un trou dans
la maſſe & on y met le levain, ayant ſoin de
le bien mêler avec la pâte qu'on pétrit de nouveau, après quoi on laiſſe la maſſe en repos,
on la couvre & on la laiſſe fermenter : pendant
ce temps on a ſoin de chauffer le four.

Lorſqu'on s'aperçoit que la pâte eſt aſſez
levée, on la délaye de nouveau avec de l'eau
froide, en quantité ſuffiſante pour lui donner
la conſiſtance d'une pâte molle, après quoi on
en remplit des terrines garnies de feuilles de
châtaignier ou de choux, qu'on a fait faner en
les approchant du feu.

Les terrines étant remplies à un pouce près, on les met au four; la pâte s'élève en cuisant & déborde quelquefois d'un pouce, ce qui forme une croûte; on laisse cuire autant qu'il est nécessaire : en retitant les terrines du feu, on les renverse sur une table, le pain se détache, on en sépare les feuilles, & le pain de blé de Turquie est fait.

En réfléchissant sur ce procédé, il est aisé d'apercevoir que l'eau bouillante employée en Béarn pour la préparation du pain de blé de Turquie, enlève, à l'aide de la chaleur, une matière extractive de ce grain, qui donne, avec l'espèce de travail qu'on fait subir à la pâte, le liant si nécessaire à la bonne fermentation, & sans laquelle on ne peut obtenir que de mauvais pain. Les terrines font l'office des panetons ou corbeilles, dans lesquels il faut toujours mettre la pâte, de quelque nature qu'elle soit, pour être entretenue dans une douce chaleur, & retenue de toutes parts, pour s'apprêter plus aisément & mieux.

Tout levain peut servir à faire le pain de blé de Turquie, pourvu qu'il soit abondant, nouveau & de bonne qualité : on se sert indifféremment du levain de froment ou de blé de Turquie lui-même, qu'on emploie pour le pain dont il s'agit.

Le pain de blé de Turquie, préparé comme je viens de l'énoncer, conſtitue la nourriture la plus commune des habitans de la campagne ; les perſonnes à leur aiſe en mangent auſſi avec plaiſir, & en font mettre dans la ſoupe où il mitonne fort bien : il ſe conſerve en hiver une quinzaine de jours ; en été il ſe deſsèche plus vîte : il eſt ſujet d'ailleurs à moiſir comme tout autre pain trop long-temps gardé.

Du Sarraſin.

LE Sarraſin, appelé très-improprement *blé noir*, croît volontiers par-tout : on avoit voulu proſcrire la culture de ce grain, de peur qu'il ne nuiſît à celle du froment ; mais comme ce grain vient dans les terreins les plus maigres, qui ne rapporteroient pas en blé la ſemence qu'on y auroit jetée, & qu'on peut le ſemer après la récolte du ſeigle & du méteil, c'eſt un moyen d'avoir deux moiſſons dans une année, & on ne ſauroit trop multiplier les reſſources alimentaires pour les temps malheureux.

Le ſarraſin donne beaucoup de ſon & peu de farine par conſéquent ; cette farine eſt d'un blanc-gris, ſemblable à celle d'un blé qui auroit été mouillé, elle eſt toujours piquée à cauſe de l'écorce que les meules diviſent & y répandent ;

car l'intérieur de ce grain eſt fort blanc, mais l'enveloppe en eſt épaiſſe & noire ; il feroit à ſouhaiter que le meunier, accoutumé à moudre le ſarraſin, l'écraſât ſans trop découper l'enveloppe, qu'il fit ce qu'on appelle une *mouture ronde*, dans laquelle le ſon eſt toujours large, ſec & plat.

La farine de ſarraſin miſe en boulettes, eſt un tant ſoit peu plus longue & plus coliante que celle d'orge, mais beaucoup moins que celle de la pâte du ſeigle, & à plus forte raiſon de la pâte de froment ; elle exhale une odeur particulière qu'on ne ſauroit définir, mais qui ne reſſemble en rien à celle des grains dont nous parlons.

La pâte de la farine de ſarraſin, demande preſque autant de travail, pour être convertie en pain, que celle d'orge ; un levain jeune en grande quantité ; un pétriſſage vif & prompt, ſans baſſinage, afin qu'elle acquierre cette tenacité, ce liant qui forme le ſoutien de la pâte qui eſt en fermentation, & la voûte du pain qui cuit ; expoſer cette pâte dans des paniers, placer ces paniers dans un lieu chaud pour l'apprêter, l'enfourner avant d'être à ſon point, enfin le laiſſer au four un peu plus de temps que pour l'orge, parce qu'elle eſt plus difficile à fe reffuer & à cuire par conféquent : voilà les feuls moyens qu'on peut mettre en ufage pour préparer avec la farine de farrafin, un pain meilleur qu'il n'eft ordinairement, fans néanmoins être encore très-bon; on a beau faire, ce pain ne refte pas frais long-temps, dès le lendemain même de fa cuiffon, il fe sèche, fe fend, s'émiette, & finit par devenir infupportable.

Quelques perfonnes ont avancé que le farrafin nourriffoit davantage que le feigle, l'orge & le blé de Turquie, on ne fait fur quel fondement; car entre ces grains, il eft celui qui contient le plus d'écorce, & qui donne par conféquent, le moins de farine; fi on eût dit au lieu du farrafin, fa farine pure & bien dépouillée de fon, à la bonne heure, encore eft-il prouvé que l'orge eft après le froment, le grain le plus nourriffant.

On a encore attribué au pain de farrafin la vertu de refferrer, mais c'eft comme quand on prétend que le pain de froment convient aux mélancoliques, le pain de feigle aux tempé-ramens fanguins, le pain d'orge aux gouteux, celui du blé de Turquie aux gens attaqués de la pierre. Il peut bien arriver que le premier jour où l'on feroit ufage de ces pains, on s'aperçût de quelqu'altération dans l'économie animale, parce que toutes les fois que l'on change de nourriture, de quelqu'eſpèce qu'elle ſoit, cette économie s'en reſſent, mais l'habitude en eſt bientôt contractée ; ainſi le pain dont on continue l'uſage, ne conſerve que ſa vertu alimentaire, comme toute eſpèce de vin conſerve la vertu corroborative ou cordiale.

Quoique le ſarraſin puiſſe être avantageux aux cultivateurs , parce qu'il croît aiſément par-tout , & mûrit aſſez vîte pour permettre, dans une année favorable , d'en faire deux récoltes : quoique le pain qu'on en prépare ſoit ſain, nourriſſant & fort ſuſceptible de ſe digérer , il n'en eſt pas moins vrai de dire, n'en déplaiſe à ceux qui le préfèrent au pain de froment, qu'il eſt le plus miſérable de tous les pains, après cependant le *bonpernickel.* Peut-être les Bretons & les habitans du Tirol ont-ils un moyen de moudre ce grain ſans écraſer en même temps ſon enveloppe , peut-être que le ſarraſin qui croît dans leurs contrées a plus de qualité ; toujours eſt-il certain qu'un pareil pain n'eſt paſſable que dans une circonſtance qui ne permettroit pas de s'en procurer d'autres , & où l'on eſt trop heureux que les ſubſtances deſtinées à remplacer ce qui nous manque, ne renferment rien de mal ſain.

Nous avons remarqué, en parlant du pain d'orge, que la farine de ce grain, mife en boulettes & étendue, étoit extrêmement courte, qu'elle fe rompoit aifément, qu'elle manquoit de ce liant fi effentiel pour permettre à l'eau d'entrer en grande abondance dans la pâte, & à la fermentation de s'y établir d'une manière convenable au travail du pain ; qu'enfin il falloit l'affocier avec le feigle & le froment qui avoient fuffifamment de ce liant & de cette vifcofité pour lui en communiquer : nous confeillerions la même chofe à l'égard du farrafin, fi ce dernier en acquérant par fon mélange avec d'autres grains la propriété de mieux lever, ne portoit pas toujours avec lui un caractère qui lui eft propre dans l'état fermenté, celui d'avoir une légère amertume & une couleur noire.

De pareils mélanges font cependant pratiqués dans quelques endroits : le *bonpernickel*, par exemple, que j'ai déjà nommé plus haut, eft un compofé de feigle, d'orge & de farrafin dans lequel on fait tout entrer ; on y aperçoit, même fouvent affez diftinctement, jufqu'à des brins de paille, des femences étrangères entières qui ont échappé à la meule ; ce compofé rend un pain d'une couleur encore plus noire & d'une faveur plus amère & plus fure par les procédés

défectueux

défectueux qu'on emploie à sa fabrication. La nécessité m'a contraint, pendant la dernière guerre, de manger de ce vilain pain avec beaucoup d'autres François qui n'en étoient pas plus contens que moi, & j'ose assurer, malgré tout mon respect pour le grand Hoffmann, & les égards que j'ai pour ceux qui, sans examen, ont adopté son opinion, que si les Westphaliens sont forts & vigoureux, ce n'est pas à l'usage d'un pain aussi détestable, dont ils prennent à peine une demi-livre par jour, qu'ils sont redevables de leur vigueur ; mais parce que indépendamment de leur constitution naturelle, qui chez eux, est robuste dès en naissant, ils ont sans cesse l'estomac rempli de choux, & principalement de pommes de terre, ainsi que d'autres racines potagères, qui, dans cette partie de l'Allemagne, sont excellentes & monstrueuses.

Supposons maintenant que d'une part, on eût beaucoup d'orge, de blé de Turquie & de sarrasin ; que de l'autre, on se trouvât privé de la ressource du froment & du seigle ; alors ne vaudroit-il pas mieux, plutôt que d'employer ces grains qui, seuls ou réunis, ne donneront jamais qu'un pain de médiocre qualité, chercher la matière collante & visqueuse dont ils sont privés, dans quelques végétaux communs,

F

qu'on leur ajouteroit enſuite ! pourquoi en pareil cas n'auroit-on pas recours aux pommes de terre ! c'eſt même la circonſtance unique où il faille réduire ces racines ſous la forme de pain, parce qu'ayant le défaut contraire à l'orge, au blé de Turquie & au ſarraſin, c'eſt-à-dire que poſſédant moins d'amidon que de collant & d'humide, on ne peut abſolument, ſans addition de farine, les convertir en aliment qui reſſemble tout-à-fait au pain.

Sans doute je pourrois m'expoſer à quelques reproches, ſi je n'accordois pas aux pommes de terre, une place dans un Écrit où il s'agit des différens pains que l'on prépare dans le royaume; celui qu'on a fait de pluſieurs manières avec ces racines, a eu trop de réputation pour ne pas mériter également d'être indiqué ici.

Des Pommes de terre.

IL n'y a pas de plante auſſi étonnante, auſſi productive, qui exige moins de la terre & du cultivateur que les pommes de terre; elle ſe plaît dans tous les climats, tous les terreins lui ſont propres, la récolte ne manque preſque jamais, quelques mois ſuffiſent pour qu'elle acquière ſon accroiſſement & toute ſa perfection; elle eſt à l'abri des accidens que nos moiſſons eſſuient ſi ſouvent, parce que la maturité de la partie la plus eſſentielle, s'opère dans l'intérieur de la terre ; enfin quiconque a été témoin de la fécondité preſque miraculeuſe de cette plante, n'a pu ſans injuſtice, lui refuſer ſon admiration.

Les pommes de terre, conſidérées du côté de la nourriture, offrent également les plus grandes reſſources, elles réuſſiſſent aux plus robuſtes comme aux plus foibles, les perſonnes de tout âge & de tout ſexe en font uſage, ſans éprouver aucune ſuite fâcheuſe; elles ſont ſuſceptibles d'une infinité de préparations, ſe déguiſent de mille manières différentes, & acquièrent dans les aſſaiſonnemens, de quoi ſe prêter à toutes nos fantaiſies & à tous nos goûts ; en un mot, le cuiſinier dont l'art eſt aujourd'hui ſi recherché & ſi important, trouvera dans les pommes de terre, une ample occaſion d'exercer ſon eſprit inventif & alléchant; mais ce qui a droit de nous intéreſſer le plus particulièrement, c'eſt que le bon cultivateur, qui a l'avantage d'ignorer le luxe & la délicateſſe des tables, peut compoſer ſon repas frugal de pommes de terre: ces racines cuites ſous les cendres & aſſaiſonnées de quelques grains de ſel, deviennent un mets ſimple,

digeſtible & fort ſain : s'il reſtoit encore quelque
doute ſur leur ſalubrité, il ſuffiroit d'examiner
& d'interroger ceux qui s'en nourriſſent depuis
leur naiſſance, pour être aſſuré que les pommes
de terre ſont un des végétaux les plus précieux
à l'humanité.

Il ſeroit ſuperflu de rapporter ici tous les
moyens qu'on a tentés juſqu'à préſent, pour
faire du pain économique de pommes de terre,
en employant ces racines ſous différentes formes,
dans des proportions variées & avec pluſieurs
eſpèces de farine : je me bornerai ſeulement à
donner une recette de ce pain, elle pourra ſervir
de modèle pour tous les pains qu'on ſe pro-
poſeroit de compoſer de cette manière avec
d'autres farines que celle du froment.

Prenez la quantité que vous voudrez employer de pommes de terre, faites-les cuire
dans l'eau, ôtez-en la peau & écraſez-les enſuite
avec un rouleau de bois, de manière qu'il ne
reſte aucun grumeau & qu'il en réſulte une
pâte unie, tenace & viſqueuſe; ajoutez à cette
pâte, le levain préparé dès la veille, ſuivant
la méthode qui a été déjà expoſée, & toute la
farine deſtinée à rentrer dans la pâte, en ſorte
qu'il y ait moitié pulpe de pommes de terre
& moitié farine; pétriſſez bien le tout avec

l'eau nécessaire : quand la pâte sera suffisamment apprêtée, enfournez-la, en observant que
le four ne soit pas autant chauffé que de coutume, de n'en pas fermer aussitôt la porte
& de l'y laisser cuire plus long-temps : sans
cette précaution essentielle, la croûte du pain
seroit dure & cassante, tandis que l'intérieur
seroit humide & pas assez cuit.

C'est sur-tout la farine d'orge, celle du
blé de Turquie & de sarrasin qu'il faut traiter
de cette manière, puisqu'elles donnent un pain
infiniment meilleur, étant mêlées avec la pulpe
de pommes de terre, que si elles étoient employées seules ou ensemble ; on a même remarqué qu'elles perdoient, par leur mélange
avec ces racines, l'âcreté & l'amertume qu'on
leur reproche, elles acquerront en même temps
la faculté de nourrir plus agréablement & plus
économiquement.

Les tentatives qu'on a faites pour convertir
les pommes de terre en pain, sans y ajouter
de la farine, n'ont eu absolument aucun succès ;
mais si par malheur on se trouvoit un jour
privé de tous grains ; que pour subsister il ne
restât d'autres ressources que des pommes de
terres en abondance (fasse le Ciel que ce temps
soit loin de nous), mais enfin s'il arrivoit, ne

feroit-il pas bien avantageux alors de connoître différentes façons d'accommoder ces racines , & principalement de pouvoir en faire du pain ! Voici un moyen que j'ai fouvent effayé , & qui m'a conftamment réuffi.

On lave & on nettoie bien les pommes de terre dans plufieurs eaux ; on les divife à l'aide d'une rape de fer-blanc ; la pulpe qui en provient tombe dans une grande terrine à moitié pleine d'eau propre ; on mêle & on preffe le tout entre les mains : la liqueur fe colore, on la paffe à travers un tamis de crins , on verfe de nouvelle eau fur le marc refté dans le tamis, & qu'on répète jufqu'à ce qu'il foit entièrement épuifé , & que l'eau qui en fort ne foit prefque plus colorée. On trouve au fond du vafe une farine dépofée fur laquelle nage une eau brunâtre que l'on jette ; on en ajoute de nouvelle à plufieurs reprifes pour laver cette farine qui fe sèche aifément à l'air ou à la plus douce chaleur , & devient extrêmement blanche : c'eft un véritable amidon.

On prend partie égale de cette farine ou amidon & de pulpe de pommes de terre , on y ajoute un peu de levure & de fel délayés & fondus dans l'eau , pour former de la totalité une maffe que l'on travaille fortement & avec foin ; on l'expofe enfuite dans un lieu chaud pour lever, puis on l'enfourne ; enfin on obtient par la cuiffon un pain fort blanc, favoureux & très-nourriffant : ce pain peut être qualifié, avec raifon, de *pain de pommes de terre*, pour lequel il faut néceffairement employer la farine retirée, comme je viens de l'indiquer, parce que ces racines sèchées au four & mifes enfuite en poudre, ne produiroient jamais le même effet.

Pendant que je tiens cet objet, je crois devoir obferver que l'amidon étant le principe ali-mentaire, par excellence, des farineux, & fe trouvant en outre répandu dans beaucoup d'autres végétaux que ceux dont l'ufage eft le plus ordinaire & qui fera toujours préférable, on pourroit féparer de ces végétaux l'amidon qu'ils renferment, de la même manière que nous l'avons décrit pour les pommes de terre, & le faire fervir enfuite au même but : ces végétaux fuffent-ils âcres, cauftiques & mordicans, tels que le pied de veau, la bryonne, le colchique, les marrons - d'inde, le glayeul, l'ellébore : l'amidon qu'on retirera de leurs racines étant bien lavé, fera toujours doux, nourriffant & falubre ; femblable à la racine du magnoc d'où les Américains retirent une farine dont ils font

F iv

leur principale nourriture, après en avoir séparé une liqueur qui eſt un vrai poiſon qu'ils rejettent : cette farine, miſe ſous une forme de galette, eſt ce qu'ils nomment *la caſſave*, dont la plupart font l'équivalent de notre pain.

Les intempéries des ſaiſons ont quelquefois forcé pour ſe nourrir, d'avoir recours à des matières dont les effets étoient directement oppo-ſés à nos eſpérances ; il ſemble même que dans ces temps malheureux, la néceſſité nous conduiſe, pour ainſi dire, la main ſur les ſubſtances les plus pernicieuſes : nous éviterons ces accidens, dont l'Hiſtoire nous offre des exemples effrayans, en ne perdant pas de vue la méthode de préparer du pain de pommes de terre, avec de l'amidon retiré de quelque plante que ce ſoit.

Ne ceſſons d'attaquer un préjugé qui paroît prendre faveur tous les jours : on propoſe & on déſigne continuellement une foule de végé-taux non farineux, pour convertir en pain ou pour augmenter la quantité de cet aliment, ſans faire attention qu'on diminue & qu'on altère ſa bonne qualité ; que la plupart des ſubſtances deſtinées à la nourriture, perdent une grande partie de leur vertu alimentaire, dès qu'on les ſoumet à une préparation pour laquelle ils ne font pas propres : combien de fois, en ignorant celle qui leur convient, ne les dénature-t-on pas à grands frais !

Jouiffez mieux, excellentes Ménagères, des préfens de la Nature toujours libérale : donnez à manger à votre monde, les noix, les amandes, & prefque tous les fruits, fans aucun apprêt : faites cuire tout fimplement vos racines ou vos herbes, pour enlever ce qu'elles ont d'acrimonieux & de défagréable, ne convertiffez en pain que les fubftances farineufes reconnues fufceptibles de cette préparation ; enfin, fi vous vous déterminez à réduire les pommes de terre fous la forme de pain, que ce ne foit que dans les cas particuliers que je vous ai mis fous les yeux ; car ces racines font une forte de pain que la Providence vous préfente tout formé, elles n'ont befoin que d'être cuites dans l'eau ou fous la cendre, & relevées par quelques grains de fel, pour fournir un aliment fimple & bienfaifant.

De la Bouillie.

COMME la bouillie eft après le pain, la forme fous laquelle on emploie le plus communément les farineux, & qu'il y a des pays où l'on fe nourrit de l'un & de l'autre de ces deux alimens, dans une proportion égale entr'eux, j'ai cru, fans trop vouloir blâmer les ufages reçus, ni rien innover, pouvoir ajouter ici quelques réflexions fur cet objet.

On peut établir comme une règle générale, que la farine la plus propre à donner le pain le plus léger, fournira conftamment la bouillie la plus pefante, parce que ce liant & cette vifcofité que nous avons dit être fi effentiels à la fermentation de la pâte, fe trouvent entièrement détruits dans le travail du pain, au lieu que ces deux propriétés fe manifeftent encore davantage, après la cuiffon de la bouillie.

Il réfulte de ce qui précède, que fi le blé eft de tous les grains celui dont on fera le meilleur pain, ce fera auffi celui qui donnera la plus mauvaife bouillie, tandis au contraire, que le farrafin dont le pain eft le plus groffier, fournira la bouillie la plus délicate.

Nous le répétons, les farineux dans lefquels on introduit un levain pour y établir la fermentation, & qui ne préfentent après la cuiffon, que des maffes lourdes, ferrées, noires & amères, à la place d'une fubftance légère, blanche & favoureufe, produiront la bouillie la plus digeftible & la plus falubre.

D'après ce court expofé, il s'enfuit que fi les farineux, convertis en bouillie, n'offrent pas les avantages du pain, foit du côté de l'effet nutritif, foit par rapport à l'agrément du goût & de la commodité d'en faire ufage; il n'y a point cependant à balancer: toutes les fois que ces farineux ne feront ni collans ni vifqueux, il faut préférer de les réduire fous la forme de bouillie.

Le fucre contenu dans toutes les femences farineufes, devient encore plus fenfible dans la cuiffon de la bouillie; il change & difparoît dans la fermentation, voilà pourquoi les potages, les bouillies, les galettes qu'on prépare avec l'orge, le blé de Turquie & le farrafin, ont toujours une faveur douce & agréable, quoique le pain qui en provient foit ou âcre, ou amer, ou fade; c'eft donc contre le vœu de la Nature que l'on s'obftine à vouloir faire fubir à tous les farineux indifféremment, la même préparation; il faut choifir celle qui leur convient, & faire en forte après cela de la perfectionner.

L'expérience journalière prouve, il eft vrai, que les farineux non fermentés, de quelque efpèce qu'ils foient, préfentent dans l'état de bouillie, une maffe gluante que les fucs de l'eftomac pénètrent, attaquent & diffolvent avec peine; qu'ils empâtent, rempliffent & ne raf-. fafient pas pour long-temps, qu'enfin on ne digère aifément la bouillie que quand on eft fort, & qu'on s'eft habitué par degrés à ce genre d'aliment : les grains cuits & mangés entiers, tels que le riz, l'orge mondé & perlé, font plus nourriffans & moins lourds que leur bouillie, vraifemblablement parce qu'ils font encore divifés & offrent plus de furfaces.

Pour que la bouillie foit moins pefante & plus digeftible, il faut la tenir un peu de temps fur le feu, la faire claire & cuire jufqu'à ce qu'elle n'exhale plus l'odeur de farine, & furtout y ajouter des affaifonnemens ; par ce moyen on prévient la plupart de fes mauvais effets ; mais de quelque manière qu'on s'y prenne pour la préparation de la bouillie de froment, elle eft toujours collante, tenace, vifqueufe, & exige, de la part de l'eftomac, du travail & de la vigueur.

On eft tellement convaincu des mauvais effets de la bouillie de froment, que dans les pays où l'on aime paffionnément les farineux accommodés ainfi, on a employé différens moyens pour détruire le collant & en prévenir les fuites : les uns ont indiqué de faire germer les grains, les autres de defsècher & de torréfier la farine ; il y en a enfin qui ont propofé d'y ajouter des mélanges, d'où il eft réfulté des bouillies à la vérité moins lourdes & moins indigeſtes, mais qu'on auroit tort de comparer pour la bonté, à celle qu'on prépare tout naturellement avec le blé de Turquie ou le farrafin.

Si la bouillie de froment, telle qu'on la fait ordinairement, eſt lourde, indigeſte, & fatigue l'eſtomac des hommes vigoureux & formés, quel mal ne doit-elle pas produire aux enfans dont les organes font encore fi foibles & fi délicats ! c'eſt cependant dans la manière de les nourrir dans leur jeuneſſe, qu'il faut chercher la cauſe des maladies auxquelles ces êtres frêles fuccombent fi fouvent dans le premier âge, & avant de devenir adultes.

Mais les bonnes Ménagères font des mères tendres, nous les invitons de confulter leurs entrailles & de faire ufage de leurs lumières, elles leur diront bien mieux que ne pourroient faire les meilleurs traités, que la bouillie de froment eſt un maſtic qui engorge les premières voies, donne un chyle épais & groſſier, fatigue & furcharge l'eſtomac des nourriſſons, occafionne des dévoiemens, des tranchées & des vers, qu'il faut y fubſtituer le pain fermenté, délayé dans l'eau, dans le bouillon ou dans du lait fous la forme de panade ; mais fi on ne veut pas profcrire pour les enfans la bouillie, que ce foit au moins celle de l'orge, du blé de Turquie, du farrafin cu de l'amidon, retiré des grains ou des racines dont on faffe ufage.

Du Pain.

S i l'on a fuivi la méthode que nous avons indiquée concernant la préparation du levain, le pétriffage de la pâte & la cuiffon du pain, c'eft-à-dire, que l'on ait fait fon levain avec de l'eau froide ou tiède, & le tiers de la farine deftinée à être employée au pain; que l'on ait pétri en foulevant la maffe, & non pas en y enfonçant alternativement les deux poings fermés; que l'on ait enfourné & cuit à propos, la bonne Ménagère qui avoit toujours eu un pain ferré, bis & aigre avec le plus excellent grain, parce qu'elle fe fervoit d'un levain paffé, d'eau trop chaude, d'une mauvaife manière de pétrir & de mettre au four, obtiendra du même grain, un pain blanc, de bon goût, très-volumineux, extrêmement nourriffant, & d'une digeftion infiniment plus avantageufe pour la fanté.

Je n'entreprendrai pas ici l'énumération des effets falutaires du bon pain; l'expérience a prononcé depuis long-temps en fa faveur, en démontrant combien les farineux acquéroient de fupériorité étant réduits fous cette forme, d'après les meilleurs procédés, & combien auffi cet aliment perdoit de fes précieufes qualités quand il étoit mal fabriqué, compofé de farines altérées, ou mélangé de femences pernicieufes.

Les louanges prodiguées de toutes parts au bon pain, le font regarder comme un bienfait de la Nature & le premier de nos alimens : le goût pour le pain, eft celui que nous perdons le dernier, & fon retour eft le figne le plus affuré de la convalefcence. Il convient à tout âge, en tout temps & à toutes fortes de tem-péramens ; il corrige & fait digérer les autres nourritures, il influe fur nos bonnes ou nos mauvaifes digeftions, on peut le manger avec la viande & les autres mets, fans qu'il en change la faveur ; enfin il eft tellement analogue à notre conftitution qu'à peine fommes-nous nés, que nous commençons déjà à montrer pour lui, une efpèce de prédilection, & qu'enfuite dans le cours de la vie, nous ne nous en laffons jamais.

Il eft vrai, pour que le pain réuniffe toutes les bonnes qualités qu'on lui connoît & dont nous venons de tracer l'efquiffe, il ne faut pas qu'on faffe entrer dans fa compofition, comme il a déjà été dit, aucuns supplémens, qui en groffiffant la maffe du pain, diminuent fon volume & fa bonté ; il ne faut pas qu'il foit fpongieux, collant, mal cuit, ni le manger tout chaud au fortir du four ; car il pourroit caufer des accidens & préjudicier à la fanté ; mais où eft l'aliment pour lequel il ne faille pas employer quelques précautions avant d'en faire ufage ! il eft fi aifé de rendre le pain toujours bienfaifant, fans qu'il en coûte plus de foins, de peines & de temps !

Il n'y a prefque pas de comparaifon à faire entre un pain mal fabriqué & celui qui a été préparé convenablement, quoique provenant du même grain, foit pour l'afpect, foit pour le goût, foit enfin pour les effets : j'ai eu fouvent l'occafion de faire remarquer cette différence l'année dernière, en voyageant en Picardie pour cet objet ; je dois même témoigner ici ma très-vive reconnoiffance, aux Maires des villes où j'ai féjourné, pour avoir bien voulu me procurer toutes les facilités de remplir mes vues, c'eft particulièrement à Mondidier, que j'ai varié & multiplié mes expériences fur le pain, chacun s'y eft empreffé de m'en fournir les moyens avec autant de zèle que d'honnêteté : voici une Lettre que

les

les Officiers municipaux de cette ville, m'ont
fait l'honneur de m'adreſſer, qui, dictée par le
patriotiſme & la conviction, devient une preuve
pratique & un réſumé des vérités contenues dans
cet Avis.

*LETTRE des Maire & Échevins de la
ville de Mondidier.*

M.

« Notre ville avoit des droits particuliers ſur
vos lumières & ſur vos découvertes ; vous «
vous étiez déjà montré trop bon Patriote, «
en nous procurant la machine fumigatoire «
de M. Pia, deſtinée à ſecourir les perſonnes «
noyées, pour ne pas vous empreſſer de nous «
communiquer les procédés ſur le pain, dont «
vous aviez fait ailleurs les plus heureux eſſais. «

Vous connoiſſez par vous-mêmes les abus «
ou les préjugés qui rendoient ici la fabrica- «
tion du pain, moins certaine ou défectueuſe : «
c'étoit une opinion preſque générale, que la «
qualité des eaux s'oppoſeroit toujours à la «
légèreté du pain : la craie à travers laquelle ſe «
filtrent nos eaux de puits, à une profondeur «

» de cent vingt à cent quarante pieds, fembloit
» leur donner une pefanteur & une crudité pré-
» judiciables.

»   On fe croyoit obligé de faire chauffer
» davantage l'eau ; on employoit un levain
» vieux, & en petite quantité.

»   Grâces à vous, Monfieur, nos reffources,
» par rapport à la fabrication du pain, font
» auffi promptes, auffi fûres & auffi abondantes
» que dans les lieux où l'on fe flattoit d'avoir
» le meilleur.

»   Nos Boulangers, nos Domeftiques ont été
» d'abord étonnés & incrédules, lorfque vous
» avez annoncé que fans levure & avec de
» l'eau froide ou tiède, on pouvoit faire de
» bon pain, proportionnément aux différentes
» qualités de farines : vous aviez bien fenti
» que ce n'eft pas par des raifonnemens qu'on
» réuffit à détruire les préventions ; vous avez
» réellement mis la main à la pâte, & les
» yeux fe font ouverts ; votre méthode a été
» d'autant mieux accueillie, qu'elle eft plus
» fimple ; & c'eft-là le grand point lorfqu'il
» s'agit de faire changer la routine, il ne lui
» refte plus de prétexte dans la multiplicité des
» petites attentions, la pareffe ne fe rebute plus,
» il en coûte moins avec votre procédé pour

faire de bon pain que pour le faire mauvais, «
suivant l'ancienne routine : il eſt fâcheux, «
ſans doute, que tous nos moulins ne puiſſent «
pas être montés à l'*économie*, vous nous en avez «
rendu la différence ſenſible, cet heureux chan- «
gement ne pourra s'opérer que lentement, & «
par ceux qui entreprendroient le commerce «
des farines. «

Mais en attendant, vous avez convaincu les «
plus opiniâtres, qu'il étoit aiſé de ſe procurer «
un pain plus léger, plus ſavoureux, & qui «
reſte plus long-temps mollet. «

La farine de blé-noir, niellé, mouillé, «
perd une grande partie de ſes mauvaiſes «
qualités par votre principe, de ſi facile exé- «
cution, d'augmenter la maſſe du levain juſ- «
qu'au tiers de la farine qu'on ſe propoſe de «
convertir en pain, & cela huit heures au- «
paravant. «

Vous avez paru ſenſible, Monſieur, aux «
marques d'applaudiſſement & de ſatisfaction «
qu'on s'eſt empreſſé de vous donner lors des «
leçons pratiques que vous avez eu la complai- «
ſance de multiplier, nous nous faiſons un «
devoir de vous en réitérer ici nos remer- «
cîmens. «

Nous avons l'honneur d'être, &c. »

Je me suis fait une loi d'écarter tout ce qui pourroit avoir l'apparence de système, & de ne discuter ici que les choses essentielles & relatives à l'économie, c'est dans cette vue que j'ai cru devoir me permettre encore quelques réflexions.

On est dans l'opinion que plus le pain est massif, serré, ferme & bis, moins il passe vîte & mieux il nourrit, parce que l'on prétend qu'il reste plus long-temps dans l'estomac, & que par conséquent il convient davantage aux hommes adonnés à des travaux & des exercices pénibles, qui ont besoin d'aliment grossier & mat pour exercer fortement ce viscère ; mais il paroît qu'on n'a pas fait assez d'attention à la manière d'agir de la nourriture.

Plus le pain a de volume, mieux il doit nourrir, parce qu'ayant plus de surface, les sucs de l'estomac peuvent en extraire plus aisément & plus abondamment de quoi former la matière du chyle : il ne suffit pas en outre d'être nourri, il faut encore être lesté, il faut que les alimens rassasient & remplissent : or, le pain qui a le plus d'étendue, est celui qui produit le mieux cet effet ; & fabriqué, comme nous l'avons indiqué, il sera réellement plus nourrissant, vu qu'il aura plus de volume ; mais il aura encore plus de maſſe, car l'air & l'eau y entreront en plus grande quantité, en ſorte que quatre livres de farine, par exemple, qui traitées d'après des procédés défectueux, n'auroient donné que cinq livres & demie de pain environ, en fourniront ſix livres de la même quantité de farine, avec beaucoup plus de volume, en ſuivant la bonne méthode. Cette circonſtance a ſingulièrement frappé un Avocat célèbre de Picardie, qui jouit avec raiſon de l'eſtime générale de ſa province : la lettre qu'il m'a écrite à ce ſujet, vient à l'appui de ce que je dis ici, & je dois la faire connoître.

LETTRE de M. de la Tour, Avocat.

« J'ÉPROUVE tous les jours, Monſieur, les avantages des bonnes leçons que vous nous « avez données ſur la façon de faire le pain : « celui que je mange depuis que vous êtes « venu ici, & qui ſe fabrique ſuivant que vous « l'avez montré à Magdeleine notre ancienne « cuiſinière, eſt beaucoup plus léger, plus « blanc, d'un meilleur goût & ſe conſerve plus « long-temps frais : les pains de même volume « que ceux que l'on faiſoit ci-devant à l'eau « chaude, avec un petit levain qui n'étoit pas «

G iij

» rafraîchi , pèfe beaucoup moins. J'entends
» dire à la fille qui eft chargée de ce foin,
» que dans le petit four de la maifon où l'on
» faifoit cinq pains d'environ fix livres chacun,
» l'on ne pourroit les avoir aujourd'hui du même
» poids , par la raifon que leur étendue em-
» pêchoit qu'ils ne puffent entrer dans le four,
» & qu'elle eft obligée , pour obtenir le même
» nombre de pains , de les réduire au poids de
» quatre livres ; je puis vous affurer qu'ils font
» auffi grands que ceux de l'ancienne méthode
» qui pefoient fix livres : vous pouvez, à tous
» égards , compter fur ce témoignage fondé fur
» l'expérience. Mlles Bofquillon , vos parentes
» & mes refpectables voifines, continuent éga-
» lement de fe bien trouver de votre méthode.

»   Je faifis avec bien du plaifir, Monfieur,
» cette occafion de vous marquer ma reconnoif-
» fance & celle de ma famille, de nous avoir
» procuré l'amélioration d'un aliment auffi né-
» ceffaire à la vie , & que je regarde comme
» ayant beaucoup d'influence fur la fanté.

    J'ai l'honneur d'être , &c. »

    Pour peu que l'on veuille faire des effais,
on verra bientôt au poids , au volume & à

l'usage, si ce que nous avançons n'est que vraisemblable ; que l'on interroge d'ailleurs les manœuvres & les jardiniers des environs de Paris, dont le travail pénible ne sauroit être comparé à celui des habitans des campagnes, on apprendra encore que quoiqu'ils paroissent avoir beaucoup de pain pour consommer dans leur journée, cette quantité est toujours au-dessous de celle que mangent nos cultivateurs, parce que, sous le même poids, il y a moins de farine & plus de volume ; ils ont cependant, plus que les manœuvres, des légumes & des fruits qui font volume ; d'où vient donc cette différence, de ce que le pain du manœuvre remplit & nourrit plus complètement, tandis que celui des cultivateurs, trop massif, ne se développe pas en totalité dans l'estomac.

Que l'on ne croie pas qu'en insistant sur le volume du pain que consomme le manœuvre ou le jardinier, je prétende insinuer qu'il faudroit leur donner du pain mollet dont l'excessive légèreté est autant différente du pain de pâte-ferme, que ce dernier diffère du pain mal fabriqué des cultivateurs ; j'ai déjà dit que toutes les parties du grain que la mouture confond & que la bluterie présente à part, me sembloient faites pour aller ensemble ; que les farines blanches & les farines bifes avoient des propriétés différentes entr'elles , & qu'en les mêlant il en réfultoit un compofé qu'on pouvoit appeler la *farine de ménage ;* le pain d'une pareille farine feroit , fans contredit , l'aliment le plus falubre & le plus fubftantiel dont l'homme du peuple feroit en état de faire ufage : mais que pourrois - je avancer ici fur les avantages du bon pain de ménage , que n'ait déjà dit d'une manière infiniment plus intéreffante l'ineftimable Auteur de l'*Avis au peuple fur fon premier befoin.*

On affure qu'il falloit autrefois quatre fetiers de blé , mefure de Paris , pour la fubfiftance d'un homme ; mais l'art de moudre s'étant perfectionné , ces quatre fetiers furent réduits à trois ; la mouture économique ayant encore opéré une réduction , deux fetiers fuffifent aujourd'hui pour produire cinq cents trente - fix livres de pain , ce qui nourrit l'homme le plus fort pendant fon année ; d'où il réfulte qu'il y a plus de moitié de profit , & que l'aliment eft plus fubftantiel & plus falubre , tandis que dans les provinces où la mouture économique n'eft pas établie , & où l'on ne fuit pas les bons procédés de boulangerie , il faut peut- être encore trois fetiers & même plus , en forte que le pain le plus cher dans son espèce qu'il soit possible de faire, est le plus mauvais & le moins nourrissant.

Quelle épargne pour la bonne Ménagère, si elle parvenoit à retirer de son grain, la totalité de farine & de pain qu'il est possible d'en avoir! non-seulement elle feroit un profit considérable sur la denrée de première nécessité, mais elle nourriroit encore sa maison plus agréablement; la santé & l'économie y trouveroient également leur compte : un pain doux & savoureux est plus sain qu'un pain sur, pâteux & collant; un pain volumineux & bien levé, nourrit davantage qu'un pain serré & de son.

Je terminerai cet Avis par une réflexion qui a été peut-être faite avant moi: la défectuosité des moutures & la mauvaise fabrication du pain, renchérissent davantage le prix de cet aliment, que les années pluvieuses, les dégâts de grêle & du vent, les différens accidens qui font maigrir, noircir, rouiller & nieller les blés pendant leur végétation; c'est donc une richesse réelle & presque inconnue dans le royaume, qu'une bonne meunerie & une bonne boulangerie, puisqu'il seroit possible de ménager un tiers environ des grains qu'on y emploie, en retirant le produit en farine &

en pain qu'on peut en obtenir ; d'où s'en-
fuivroit l'abondance dans la circonftance où
l'on croiroit n'avoir que le néceffaire : formons
des vœux avec les bons citoyens, pour que
ces deux Arts, les plus effentiels & les plus
importans après l'Agriculture, acquièrent dans
toutes nos provinces, le degré de perfection
dont ils font fufceptibles.

A PARIS,

DE L'IMPRIMERIE ROYALE.

M. DCCLXXVII.

TABLE

De ce qui est contenu dans cet Avis.

www.ingramcontent.com/pod-product-compliance
Lightning Source LLC
LaVergne TN
LVHW020837200726
843508LV00003B/971